MARGOT SPOHN &
ROLAND SPOHN

# Garten BOTANIK

Was Gärtnerinnen
und Gärtner über Pflanzen
wissen sollten

Haupt
NATUR

# INHALTSVERZEICHNIS

# VORWORT

Im Garten treffen wir auf eine bunte Vielfalt an Pflanzen. Auf den ersten Blick wirkt es verwirrend, wie unterschiedlich sie aussehen: Algen überziehen als Belag die Innenseite der Regentonne, winzige Moose sprießen in Ritzen an Mauern, Farne breiten lange, grüne Wedel unter dem Blätterdach eines Laubbaums oder unter den Zweigen eines Nadelbaums aus. In den Beeten öffnen Blumen auffällige oder unscheinbare Blüten, während ihre Stängel über den Boden kriechen, aufrecht wachsen oder sich an Spalieren emporschwingen. Aus der Erde im Gemüsebeet ziehen wir Möhren und Radieschen oder graben Kartoffeln aus. Daneben gedeihen prächtige Salatköpfe, Gurken und Blumenkohl.

Wer sich nicht nur an der Blütenpracht erfreuen oder eine reiche Ernte einfahren möchte, gelangt rasch an den Punkt, an dem er sich Fragen zu den Gewächsen stellt – wie zum Beispiel: Warum wächst diese Pflanze so und nicht anders? Wie schafft sie es, so zu wachsen, wie sie ist? Welche Vorteile hat sie dadurch? Wie kann sie zur rechten Zeit blühen? Wie kann aus einer Blüte eine Frucht entstehen? Wie kann sich die Pflanze vermehren? Warum kümmert sie auf diesem Boden, an diesem Standort? Kann sie die anderen Pflanzen und die Tiere um sich herum verstehen und auf sie reagieren?

Solche und viele weitere Fragen möchte dieses Buch beantworten. Es möchte Ihre Freude an Ihrem lebendigen Garten vertiefen und Ihnen Anregungen für Ihr Schaffen geben. Allerdings würde es den Rahmen sprengen, von der Alge bis zur Orchidee alles zu berücksichtigen. Deshalb beschränken wir uns auf Samenpflanzen – beginnend mit den Nacktsamern Ginkgo und Nadelgehölze – und legen den Schwerpunkt auf die prächtig in allen Farben blühenden Beetpflanzen und das Gemüse.
Es geht darum, diese Pflanzen, ihren Bau und ihre Funktionen zu verstehen – also nicht nur das «Was?», sondern auch das «Wie?» und das «Warum?» zu klären. Hierzu greifen wir nicht auf Beispiele in fremden Ländern zurück, sondern stellen solche Gewächse in den Mittelpunkt, die bei uns heimisch sind oder es von anderen Kontinenten bis in unsere Gärten geschafft haben. Die große Vielfalt der Pflanzen, die hier zu finden ist, hält manche Überraschung bereit.

Wir freuen uns, wenn Ihnen dieses Buch eine neue, intensivere Sichtweise auf die Pflanzenwelt eröffnet und Ihnen hilft, die grünen Gewächse besser zu verstehen. Davon werden Sie auch in Ihrem Garten profitieren, denn: Ein «grüner Daumen» ist nicht angeboren, sondern wächst mit Wissen und Erfahrung.

Engen, Dezember 2025
Margot und Roland Spohn

# EINLEITUNG

Pflanzen sind so verschieden – um sie zu verstehen und sich mit ihnen zu beschäftigen, ist es ein erster Schritt, sie in sinnvolle Gruppen einzuteilen und eindeutig zu benennen.

# EIN BISSCHEN PFLANZEN-SYSTEMATIK

Wenn Biologen und Biologinnen den Begriff der **Systematik** benutzen, meinen sie damit eine Ordnung der Vielfalt auf Basis der stammesgeschichtlichen Entwicklung. Es geht also darum, sich mit der Evolution zu beschäftigen und so Verwandtschaften herauszufinden, nach der die Organismen sortiert werden können.

### GRÜNER GLIBBER

Nach starkem Regen liegen oft kleine braungrüne, schleimige Kugeln bis hin zu walnussgroßen glibberigen Gebilden auf Gartenwegen, an Teichen und in Beeten. Es sind Kolonien von Nostoc. Diese zu den Cyanobakterien zählenden Mikroorganismen sind absolut unbedenklich, im Gegenteil: Sie binden Stickstoff aus der Luft in Form von Ammonium, liefern also natürlichen Dünger. Nach dem Regen trocknen die Kolonien zu einem unscheinbaren Häutchen ein. Sie können diese im Beet einfach unterhacken.

## ALGEN

Unter diesem Oberbegriff fasst die Systematik Pflanzen zusammen, die Zellen mit einem Zellkern haben und Fotosynthese betreiben, aber noch keinen hoch entwickelten Bauplan mit Wurzel, Sprossachse und Blatt aufweisen. Die meisten Algen leben im Wasser oder an sehr feuchten Standorten. Sie sind jedoch nicht alle miteinander verwandt, sodass der Begriff eher eine künstliche Sammelbezeichnung ist.

Früher zählten auch Blaualgen zu den Algen, da auch sie Fotosynthese betreiben. Sie haben jedoch keinen Zellkern und gehören deshalb zur großen Gruppe der Bakterien – entsprechend heißen sie heute Cyanobakterien.

Austrocknende Grünalgen auf Kieselsteinen am Teichrand

## LANDPFLANZEN

Bei dieser Pflanzengruppe ist nicht das «Land» das gemeinsame Merkmal – es gibt genügend Landpflanzen, die im Wasser leben –, entscheidend ist, dass sie alle im Verlauf ihrer sexuellen Fortpflanzung nach der Befruchtung einen **Embryo** bilden: einen mehrzelligen Keim, der auf oder an der Mutterpflanze verbleibt und von dieser über eine gewisse Zeit ernährt wird. Dies trifft sowohl auf Moose als auch auf Gefäßpflanzen zu.

### Moose

Moose haben in der Regel **keine Leitgewebe**, um Wasser oder Nährstoffe zu transportieren. Ihnen fehlen Wurzeln, Sprossachsen und Blätter. Viele weisen jedoch einfach gebaute wurzel- oder blattähnliche Strukturen auf. Die eigentliche Moospflanze besitzt nur einen einfachen Chromosomensatz – sie ist haploid und kann sich geschlechtlich fortpflanzen. Dabei ist sie auf Wasser angewiesen. Der Organismus, der aus dem Embryo entsteht, hat einen doppelten Chromosomensatz, er ist also diploid. Er bleibt mit seiner Mutterpflanze verbunden und kann sich ungeschlechtlich über Sporen vermehren.

Großes Filzmützenmoos *(Pogonatum urnigerum)* mit haploiden grünen Moospflanzen und diploiden braunen Sporenträgern und Sporenkapseln

### Gefäßpflanzen

Im Gegensatz zu Moosen haben die Gefäßpflanzen (Kormophyten) verschiedene Organe, die in Abhängigkeit des Standorts und der jeweiligen Aufgaben, die sie zu erfüllen haben, kompliziert ausgestaltet sein können. Im Grundbauplan gliedert sich eine Gefäßpflanze in **Wurzel**, **Sprossachse** und **Blatt**.

#### FARNE

Bei Farnen handelt es sich um **samenlose Gefäßpflanzen**. Wie Moose sind sie für ihre sexuelle Fortpflanzung auf flüssiges Wasser angewiesen. Der haploide Organismus, der bei ihnen für die sexuelle Fortpflanzung verantwortlich ist und auf dem sich die Embryos entwickeln, lebt meist nur kurze Zeit. Der diploide Embryo wächst zur unabhängigen Farnpflanze heran – erst diese gliedert sich in Wurzel, Sprossachse und Blatt und kann ungeschlechtliche Sporen bilden. Auch Schachtelhalme gehören in die Gruppe der Farne.

Gewöhnlicher Wurmfarn *(Dryopteris filix-mas)*

### SPOREN

Sporen haben das identische Erbgut wie die Mutterpflanze. Sie sind sehr leicht und entstehen oft in großer Zahl. Da sie sehr widerstandsfähig sind, können sie ungünstige Bedingungen wie Kälte oder Trockenheit überstehen.

## FARNSAMEN?

Häufig wird das Pulver aus winzigen braunen Körnchen, das auf der Unterseite von Farnblättern entsteht, mit Samen verwechselt. Es sind jedoch keine sexuell entstandene Gebilde, sondern Sporen. Sie entstehen in Sporenbehältern (Sporangien), die in der Regel zu Gruppen, den Sori, zusammengelagert sind.

(Foto: Lanzen-Schildfarn, *Polystichum lonchitis*)

Nacktsamige Pflanze: Wald-Kiefer *(Pinus sylvestris)*

### SAMENPFLANZEN

Diese Gefäßpflanzen haben sich bei der geschlechtlichen Fortpflanzung vom Wasser unabhängig gemacht. Sie werden auch als **Blütenpflanzen** bezeichnet, da die Organe für die geschlechtliche Fortpflanzung zu Blüten zusammengefasst sind. Die haploide Phase ist bei ihnen extrem reduziert. Sie findet im Inneren von Pollen und Samenanlagen auf der Mutterpflanze statt. Nach der Befruchtung bleibt der Embryo im Samen eingeschlossen und wird so verbreitet. So sind die Samenpflanzen besonders gut an das Landleben angepasst.

### Nacktsamige Pflanzen

Hierbei handelt es sich um Blütenpflanzen, bei denen die Samenanlagen nicht in Fruchtblätter eingeschlossen, sondern offen zugängig sind. Zu den Nacktsamern (Gymnospermae) gehören Ginkgo *(Ginkgo biloba)* und alle Nadelgehölze.

## Bedecktsamige Pflanzen

Bei diesen Blütenpflanzen liegen die Samenanlagen nicht mehr frei auf dem Fruchtblatt, sondern sind in dieses eingeschlossen und damit wesentlich besser vor Umwelteinflüssen wie Wetter oder Tierfraß geschützt. Zu den Bedecktsamern (Angiospermae) gehören alle anderen Blütenpflanzen in unseren Gärten, von der Seerose *(Nymphaea)* und Magnolie *(Magnolia)* bis zu Sonnenblume *(Helianthus annuus)* und Lavendel *(Lavandula)*. Früher wurden die Bedecktsamer nach Anzahl der Keimblätter im Embryo in Einkeimblättrige und Zweikeimblättrige gegliedert. In den letzten Jahren jedoch haben Forschende die einzelnen Gruppen innerhalb der Bedecktsamer grundlegend überarbeitet, vor allem, nachdem sie aus genetischen Untersuchungen neue Erkenntnisse über die Verwandtschaften erhalten haben. Neben neu geschaffenen Gruppen gibt es jedoch immer noch die große Gruppe der **Einkeimblättrigen** (Monokotyledonen). Zu ihnen zählen Orchideen, Gräser, Tulpen *(Tulipa)*, Lilien *(Lilium)*, Palmen und viele weitere. Sie haben im typischen Fall nur ein Keimblatt im Samen und Blätter mit meist parallel verlaufenden Blattnerven. Die alte Gruppe der **Zweikeimblättrigen** (Dikotyledonen) wurde zum Großteil in eine neue Gruppe Eudikotyledonen verschoben. Für das vorliegende Buch gehen die Details dafür jedoch zu weit. Um die Pflanzen im Garten zu verstehen, genügt es, Nacktsamer und Bedecktsamer zu unterscheiden und für die Letzteren bei den Gruppen Ein- und Zweikeimblättrige zu bleiben.

Einkeimblättrige Pflanze: Maiglöckchen *(Convallaria majalis)*

Zweikeimblättrige Pflanze: Wilde Malve *(Malva sylvestris)*

# DIE BENENNUNG DER PFLANZEN

Wenn Sie in einer Gärtnerei oder Baumschule stehen, so haben Sie sicher schon die Schilder und Pflanzenetiketten studiert. Neben verschiedenen Informationen zu den Eigenschaften und Ansprüchen der Pflanze finden Sie dort natürlich auch deren Namen. In der Regel gibt es nicht nur eine deutsche, sondern auch eine wissenschaftliche Bezeichnung. Dies hat seine Gründe:
Der Volksmund benennt oft verschiedene Pflanzenarten gleich oder kennt für eine Pflanze viele deutsche Namen. Je bekannter und häufiger die Pflanze ist, desto mehr – oft lokal begrenzte – Namen gibt es für sie. Diese Vielfalt kann leicht zu Verwechslungen oder Missverständnissen führen. Erst seit der Einführung einer einheitlichen wissenschaftlichen Namensgebung war es möglich, Arten eindeutig zu bezeichnen. Im vorliegenden Buch finden sich deshalb neben deutschen Namen auch die wissenschaftlichen Bezeichnungen in Klammern.

Carl von Linné mit dem nach ihm benannten Moosglöckchen *(Linnaea borealis)*

Jeder wissenschaftliche Name (zum Beispiel *Lavandula officinalis*) setzt sich aus dem Namen der Gattung *(Lavandula)* und der Artbezeichnung *(officinalis)* zusammen. Die Gattung stellt dabei die höhere Rangstufe dar und umfasst meist mehrere nah verwandte Arten, die sich von anderen Gattungen deutlich unterscheiden. Eine Pflanzenfamilie vereint nahe verwandte Gattungen. Zum Beispiel gehören die Gattungen Lavendel, Salbei *(Salvia)* und Thymian *(Thymus)* zusammen mit vielen anderen Gattungen zur Familie der Lippenblütler (Lamiaceae).

Bei manchen Arten lassen sich zusätzlich Unterarten (Subspezies) und Varietäten unterscheiden. Diese werden mit «subsp.» oder «ssp.» beziehungsweise «var.» angehängt (zum Beispiel *Viola arvensis* subsp. *arvensis*, *Apium graveolens* var. *rapaceum*). Außerdem hat es sich eingebürgert, gärtnerische Zuchtformen mit einfachem Anführungszeichen anzugeben (zum Beispiel *Pinus mugo* 'Mops').

Die Form der Benennung mit Gattung und Art geht auf den schwedischen Naturforscher Carl von Linné (1707–1778) zurück. Die nach exakten Regeln gebildeten Namen sind zwar eindeutig, allerdings nicht in jedem Fall von Bestand. Neuere Untersuchungen können zum Beispiel dazu führen, dass Arten anderen Gattungen zugeordnet werden. Die Forschenden dokumentieren jedoch akribisch jede Namensänderung und halten alle Synonyme fest.

Ringelblume *(Calendula officinalis)*: eine Pflanze, die noch heute den von Linné vergebenen Namen trägt

# ORGANE DER PFLANZE

Egal, ob eine wenige Zentimeter hohe Polsterpflanze oder ein viele Meter hoher Baum – alle Blütenpflanzen sind aus den gleichen Grundorganen aufgebaut.

Stinkende Nieswurz *(Helleborus foetidus)*

ORGANE DER PFLANZE

# DER AUFBAU EINER PFLANZE

Blütenpflanzen zeigen einen recht einheitlichen Grundbauplan mit deutlich unterscheidbaren Organen. Sie haben sich damit an die Bedingungen ihrer Umwelt angepasst.

# DER GRUNDBAUPLAN

Bei Pflanzen lassen sich drei Grundorgane unterscheiden: **Wurzel, Sprossachse, Blatt**.

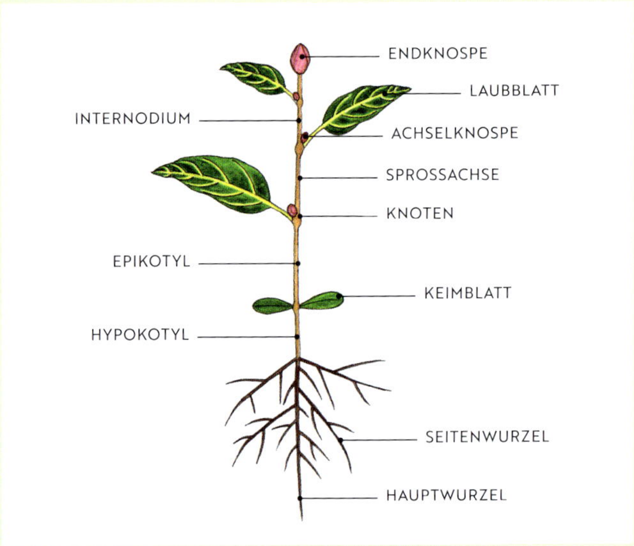


Die meisten Pflanzen verankern sich mit **Wurzeln** im Boden und nehmen mit ihnen Wasser und darin gelöste Nährstoffe auf. Außerdem können Wurzeln als Speicher dienen. Aus der **Hauptwurzel** entwickelt sich bei vielen Pflanzen eine **Pfahlwurzel**, die senkrecht in den Boden wächst. Von ihr zweigen **Seitenwurzeln** ab.

Die **Sprossachse** sorgt in der Regel für einen aufrechten Wuchs, eine günstige Anordnung der Blätter und eine optimale Position von Blüten und Früchten. Sie transportiert Wasser und Nährstoffe von den Wurzeln zu den Blättern und leitet organische Stoffe wie Zucker von den Blättern oder dem Ort ihrer Speicherung zum Ort des Verbrauchs. Bei vielen Pflanzen dient sie wie die Wurzeln als Speicher. In der Regel ist die Sprossachse an den Ansatzstellen der Blätter zu **Knoten** (Nodi) verdickt. Die blätterlosen Abschnitte zwischen zwei Knoten werden als **Internodien** bezeichnet.

Die **Blätter** sind bei den meisten Pflanzen die Hauptorte der Fotosynthese, bei der mithilfe der Sonnenenergie aus Wasser und Kohlendioxid Zucker und Sauerstoff entsteht. Im Leben einer einzigen Pflanze entwickeln sich an der Sprossachse verschieden gestaltete Blätter.

Bereits im Samen sind **Keimblätter** (Kotyledonen) angelegt. Ihnen können schuppenartige **Niederblätter** folgen oder es entwickeln sich sofort **Laubblätter**. Nach oben zu können sich einfacher gebaute, oft anders gefärbte **Hochblätter** anschließen. Mit der Blütenbildung entstehen **Blüten-, Staub- und Fruchtblätter**. Letztere bilden nach der Befruchtung als Fruchtwand schützende Strukturen um die Samen. All diesen Blattformen liegt das Laubblatt zugrunde – alle anderen Formen lassen sich davon ableiten. Manche Pflanzen wie die Stinkende Nieswurz zeigen Übergänge zwischen Laub- und Blütenblättern.

Der Abschnitt der Sprossachse zwischen den Wurzeln und den Keimblättern wird als **Hypokotyl** bezeichnet, die Übergangszone von Wurzel zu Hypokotyl als **Wurzelhals**, der Abschnitt zwischen Keimblättern und erstem Nieder- oder Laubblatt **Epikotyl**.

Der allgemeine Sprachgebrauch unterscheidet oft nicht zwischen Spross und Sprossachse. Eine botanische Fachperson versteht jedoch unter einem **Spross** eine Sprossachse mitsamt ihren Blättern; im ersten Jahr seiner Entwicklung bezeichnet sie den Spross als **Trieb**.

Sprossachse und Blätter werden oft als Einheit verstanden, da sie in der Organisation und Funktion eng aufeinander abgestimmt sind und sich mit ihren Anpassungen gegenseitig stark beeinflussen. Hat sich zum Beispiel eine Pflanze an einen Trockenstandort angepasst und deshalb ihre Blätter verkleinert oder ganz reduziert, muss die Sprossachse die Funktion der Blätter übernehmen und Fotosynthese betreiben. Andererseits hat es eine Sprossachse nicht nötig, zur mechanischen Abwehr von Fressfeinden Stacheln oder Dornen auszubilden, wenn sie bereits viele stachelige Blätter trägt.

Pflanzen haben in Wurzel und Spross ein «offenes Wachstum»: Im Gegensatz zu uns Menschen und den meisten Tieren ist ihre äußere Form nicht zu einem bestimmten Zeitpunkt abgeschlossen, sondern kann sich immer wieder verändern. Sie wachsen also während ihrer gesamten Lebensdauer. Dazu besitzen sie an verschiedenen Stellen teilungsfreudige Bildungsgewebe, sogenannte **Meristeme**. Die dort liegenden unspezialisierten Zellen können sich immer wieder teilen und so neue Zellen bilden, die dann zu spezialisierten Zellen heranreifen. An der Spitze der Sprossachse und an den Wurzelspitzen befindet sich je ein **Apikalmeristem**, auch **Vegetationskegel** oder **terminaler Vegetationspunkt** genannt. Das Apikalmeristem der Sprossspitze sorgt sowohl für das Wachstum der Sprossachse als auch der Blätter. Da die Blattbildungen anfangs rascher wachsen als die Sprossachse, umhüllen sie in der **Endknospe** den Vegetationskegel als schützende Knospenschuppen. Die **Achselknospen** sind gleich aufgebaut wie die Endknospe. Sie entwickeln sich jeweils im Winkel zwischen den Ansatzstellen der Blätter und der Sprossachse. Aus ihnen können Verzweigungen oder Blüten hervorgehen. Damit Sprossachsen dicker werden können, besitzen sie häufig von Anfang an nicht nur ein Apikalmeristem, sondern zusätzlich ein **Prokambium**. Dabei handelt es sich um Längsstreifen mit teilungsfähigem Gewebe, aus dem beim weiteren Wachstum Leitungsgewebe hervorgeht. Neben Meristemen, die bereits im Embryo angelegt sind, gibt es auch solche, bei denen in älteren Pflanzen bereits spezialisierte Zellen nachträglich wieder teilungsfähig werden.

# DIE LEBENSFORMEN

Die unterschiedlichen Gewächse bei uns stehen alle vor der gleichen Herausforderung: Sie müssen mit den Jahreszeiten und wechselnden Umweltbedingungen – besonders mit Trockenzeiten – klarkommen und für ihren Fortbestand sorgen. Sie haben deshalb im Verlauf der Evolution verschiedene Strategien entwickelt, um sich anzupassen.

Der Aufbau des Sprosses ist verantwortlich dafür, welches Erscheinungsbild eine Pflanze im Luftraum einnimmt. Eng damit zusammen hängt die Lebensdauer des Sprosses und der ganzen Pflanze.

Sprossachsen und Wurzeln können **verholzen**. Sie lagern hierzu den Holzstoff Lignin in die Zellwände des Leitungs- und Festigungsgewebes ein. Das Stützmaterial festigt die biegsamen Zellulosefasern der Zellwände und macht die Zellen besonders widerstandsfähig gegenüber Druck. Das Ergebnis ist vergleichbar mit Stahlbeton, bei dem druckfester Beton zwischen zugfeste Stahlmatten eingefüllt wird.

Kalifornischer Kappenmohn

## KRAUTIGE PFLANZEN

Diese Gruppe fasst Pflanzen zusammen, deren oberirdische Sprosse nicht oder höchstens am Grund etwas verholzt sind. Zu ihnen zählen:

### Einjährige Pflanze

Es handelt sich um eine krautige Pflanze, die von der Keimung bis zur Reife der Früchte nur eine Vegetationsperiode benötigt und dann abstirbt. Sie überdauert ungünstige Zeiten als Samen. Gartenfachkräfte verstehen unter **einjährig gezogenen Pflanzen** auch solche, die in ihrer Heimat mehrjährig sind, bei uns jedoch die kalte Jahreszeit nicht überstehen und deshalb nur einen Sommer lang leben.

Beispiele:
**einjährig:** Jungfer im Grünen *(Nigella damascena)*, Schmuckkörbchen *(Cosmos bipinnatus)*, Kornblume *(Centaurea cyanus)*, Sonnenblume *(Helianthus annuus)*, Garten-Strohblume *(Xerochrysum bracteatum)*, Petunie (*Petunia* x *atkinsiana*), Studentenblumen *(Tagetes erecta, Tagetes tenuifolia)*, Zinnie *(Zinnia elegans)*, Dill *(Anethum graveolens)*, Borretsch *(Borago officinalis)*

**einjährig gezogen:** Große Kapuzinerkresse *(Tropaeolum majus)*, Kalifornischer Kappenmohn *(Eschscholzia californica)*, Blaue Lobelie *(Lobelia erinus)*, Fleißiges Lieschen *(Impatiens walleriana)*

## Zweijährige Pflanze

Dies ist eine krautige Pflanze, deren Lebenszyklus sich über zwei Vegetationsperioden erstreckt. In der ersten Periode wächst sie vegetativ, entwickelt also nur Wurzeln sowie einen Spross, dessen Blätter meist eine Rosette am Stängelgrund bilden. Erst in der zweiten Vegetationsperiode kommt die Pflanze zur Blüte. Nach der Samenbildung stirbt sie ab. Bei manchen Witterungsverhältnissen blühen zweijährige Pflanzen auch schon im ersten Jahr.

Beispiele:

Roter Fingerhut *(Digitalis purpurea)*, Großblütige Königskerze *(Verbascum densiflorum)*, Wilde Karde *(Dipsacus fullonum)*, Rotkelchige Nachtkerze *(Oenothera glazioviana)*, Muskateller-Salbei *(Salvia sclarea)*, Silberblatt *(Lunaria annua)*, Möhre *(Daucus carota)*, Gemüse-Kohl *(Brassica oleracea)*, Lauch *(Allium porrum)*, Petersilie *(Petroselinum crispum)*

Silberblatt

## Staude

Eine solche krautige Pflanze lebt mehrere Jahre und blüht und fruchtet meistens jedes Jahr. Ihre oberirdischen Teile verholzen nicht oder kaum, sondern bleiben weich und sterben in der Regel nach der Vegetationsperiode ab. Um die ungünstige Jahreszeit zu überdauern, besitzen viele Stauden Überdauerungsorgane wie unterirdische Sprossachsen (Rhizome), Zwiebeln oder Knollen. Diese gehen aus ganz unterschiedlichen Grundorganen hervor und können Nährstoffe speichern, um den Pflanzen im Frühjahr das Austreiben zu ermöglichen. Andere Stauden legen Sprossknospen an der Bodenoberfläche oder in Bodennähe an der Basis absterbender Triebe an. Sie sind im Winter durch Schnee, Laub oder abgestorbene Pflanzenteile geschützt.

Beispiele:

Narzisse *(Narcissus)*, Maiglöckchen *(Convallaria majalis)*, Krokus *(Crocus)*, Tulpe *(Tulipa)*, Sonnenhut *(Echinacea)*, Akelei *(Aquilegia vulgaris)*, Schwertlilie *(Iris)*, Schafgarbe *(Achillea)*, Herbst-Anemone *(Anemone hupehensis)*, Glattblatt-Aster *(Aster novi-belgii)*, Große Fetthenne *(Sedum telephium)*

Purpur-Sonnenhut *(Echinacea purpurea)*

## VERHOLZENDE PFLANZEN

Diese Gewächse sind mehrjährig und verholzen deutlich. Hierzu gehören:

### Halb- und Zwergstrauch

Zu dieser Gruppe zählen kleine Sträucher oder nur in den unteren Abschnitten verholzte Pflanzen. Ihre Sprossknospen liegen höchstens etwa 30 cm über dem Boden. In Bodennähe herrscht ein besonders günstiges Mikroklima. Im Winter können die Gewächse dort meist von einer Schneeschicht profitieren oder vom Schutz umgebender Pflanzen oder Pflanzenteile.

Beispiele:
Echter Thymian *(Thymus vulgaris)*, Echter Salbei *(Salvia officinalis)*, Bartblume *(Caryopteris)*, Schnee-Heide *(Erica carnea)*, Besenheide *(Calluna vulgaris)*, Echter Lavendel *(Lavandula angustifolia)*

Schnee-Heide

### Baum und Strauch

Bäume haben einen Hauptstamm und eine Krone mit Ästen und Zweigen. Ihre Sprossachsen wachsen mit den Jahren deutlich in die Dicke. Sträucher bilden von unten her mehrere, oft gleichstarke, verholzte Stämme. Bei beiden Gehölztypen liegen Sprossknospen auch höher als 30 cm über dem Boden und können dort im Luftraum ungünstige Zeiten überdauern.

Beispiele:
Johannisbeere *(Ribes)*, Liguster *(Ligustrum)*, Kornelkirsche *(Cornus mas)*, Fichte *(Picea)*, Tanne *(Abies)*, Kiefer *(Pinus)*, Apfel *(Malus)*

Gewöhnliche Fichte *(Picea abies)*

## KLETTERPFLANZEN

Diese Gewächse stehen nicht von selbst aufrecht, sondern brauchen eine Kletterhilfe, an der sie sich festhalten oder die sie umwinden. Kletterpflanzen können krautig sein. Verholzen ihre Sprosse, handelt es sich um Klettersträucher oder Lianen.

Beispiele:
Winde *(Convolvulus)*, Wicke *(Vicia)*, Blauregen *(Wisteria)*, Waldrebe *(Clematis)*, Hopfen *(Humulus lupulus)*, Passionsblume *(Passiflora)*

Chinesischer Blauregen *(Wisteria sinensis)*

## SUKKULENTEN

Diese Pflanzen können Wasser speichern. Die Organe, in die sie das Wasser einlagern, erscheinen dickfleischig und saftreich – sie werden sukkulent. Pflanzen sehr trockener Standorte haben außerdem Strategien entwickelt, damit sie praktisch kein Wasser mehr durch Transpiration (siehe S. 47) über die Oberfläche verlieren.

Beispiele:
Kakteen, Agave *(Agave)*, Aloe *(Aloe)*, Fetthenne *(Sedum)*, viele Steinbrech-Arten *(Saxifraga)*

Rosenwurz *(Rhodiola rosea)*

## WASSERPFLANZEN UND SUMPFPFLANZEN

Wasserpflanzen leben die ganze Zeit im Wasser. Sie können untergetaucht sein, frei schwimmen oder sie wurzeln am Gewässergrund und bilden Schwimmblätter. Im Grund verankerte Pflanzen mit Schwimmblättern können mit ihren Sprossen nur eine artspezifische maximale Teichtiefe überwinden. Sumpfpflanzen sind am Grund verankert und stehen nur mit ihrer Sprossbasis oder nur mit den Wurzeln im Wasser. Ihre beblätterten Sprosse ragen über die Wasseroberfläche hinaus.

Beispiele:
**Wasserpflanzen:**
Wasserlinse *(Lemna)*, Kanadische Wasserpest *(Elodea canadensis)*, Dickstielige Wasserhyazinthe *(Eichhornia crassipes)*, Seerose *(Nymphaea)*, Teichrose *(Nuphar)*

**Sumpfpflanzen:**
Schilfrohr *(Phragmites australis)*, Rohrkolben *(Typha)*, Blutweiderich *(Lythrum salicaria)*

Blutweiderich

### WASSERTIEFE

Achten Sie auf die Angabe der Pflanztiefe, wenn Sie Seerosen in einen Teich pflanzen. Wenn die Pflanzen in Pflanzkörben wachsen, gilt als Pflanztiefe der Abstand vom Substrat im Pflanzkorb zur Wasseroberfläche. Für tief verankernde Seerosen sind damit viele Gartenteiche zu flach. Wird eine Seerose dagegen in zu tiefes Wasser gepflanzt, kümmert sie vor sich hin.

ORGANE DER PFLANZE

# WURZELN

Auch wenn sie meistens nicht zu sehen sind: Wurzeln sind für fast alle Blütenpflanzen unverzichtbare Organe. Sie sorgen für einen festen Halt und nehmen Wasser und anorganische Salze auf, die sie an den Spross weiterleiten.

# DER GRUNDBAUPLAN

Eine Wurzel enthält entsprechend ihren Funktionen verschiedene Gewebe:
Die Spitze der Wurzel trägt eine **Wurzelhaube** (Kalyptra). Ihre Zellen werden von innen her ständig neu gebildet, während die äußeren Zellen absterben. So entsteht eine Gleitschicht zwischen Wurzel und Boden.

Wurzeln mit Wurzelhauben an Echter Feige *(Ficus carica)*

Keimlinge von Raps (*Brassica napus* subsp. *napus*) mit Wurzelhaaren

Die Oberfläche einer jungen Wurzel ist von einer **Wurzelhaut** (Rhizodermis) bedeckt. Hier bilden die Zellen lange, auch mit bloßem Auge sichtbare Fortsätze, die **Wurzelhaare**. Die Wurzelhaut stirbt bereits nach wenigen Tagen ab, sodass die Zone mit den Wurzelhaaren an der Wurzel relativ kurz ist. Unter der abgestorbenen Wurzelhaut bildet sich ein neues Abschlussgewebe, die **Exodermis**. Sie ist weitgehend undurchlässig für Wasser und Nährsalze.
Nach innen zu folgt unter der Wurzelhaut oder der Exodermis ein **Rindengewebe**, das meist als Speicher dient. Die innerste Schicht der Rinde wird von einer Scheide, der **Endodermis**, gebildet. Als inneres Abschlussgewebe besitzt sie wasserundurchlässige Schichten in den radial gestellten Zellwänden.

Im Gegensatz zur Sprossachse (siehe S. 43) besitzt eine Wurzel nur ein einziges großes zentrales Leitbündel. Es liegt im Zentrum der Wurzel, dem sogenannten **Zentralzylinder**. Im Querschnitt sieht dieses Leitbündel aus wie ein Stern. Die Spitzen des Sterns werden vom **Gefäß- oder Holzteil** (Xylem) gebildet. Zwischen diesen liegen entsprechend viele **Siebteile** (Phloem). Um dieses Leitbündel herum liegt der **Perizykel**. Sein einschichtiges Gewebe kann beim weiteren Wachstum der Wurzel wieder teilungsfähig und damit zu einem sekundären Meristem werden. Im Zentrum des Zentralzylinders, der **Wurzelachse**, befinden sich Festigungselemente. Es kann sich dabei um Längsfasern mit dicker Wand oder um ein großes, zentrales Gefäß handeln.

### Verzweigen

Seitenwurzeln entstehen im Gegensatz zu den Seitenzweigen der Sprossachse nicht aus Knospen, sondern in der Tiefe der Hauptwurzel, im Perizykel. Dessen Zellen teilen sich und durchbrechen als junge Seitenwurzel alle außerhalb liegenden Gewebeschichten, also die gesamte Rinde. Sie werden entweder über den Spitzen des Leitbündelsterns oder zwischen den Spitzen und den Siebteilen angelegt, somit liegen die Seitenwurzeln in gerader Reihe übereinander. Es sind so viele Reihen, wie es Sternspitzen gibt – oder doppelt so viele.

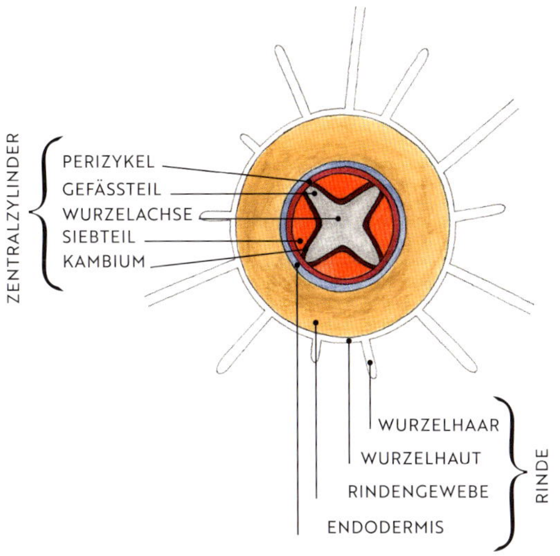


## AN UMFANG ZULEGEN

Ähnlich wie die Sprossachse dicker werden kann, geschieht dies auch bei der Wurzel. Aus meristematischen Zellen des Perizykels und einem sekundären Meristem zwischen den Gefäßteilen und den Siebteilen entsteht ein geschlossener **Kambiumring**. Dieser Ring kann wie beim sekundären Dickenwachstum der Sprossachse nach innen Holz (sekundäres Xylem) und nach außen Bast (sekundäres Phloem) abgeben (siehe S. 44). Durch fortwährendes Dickenwachstum dehnt sich die Rinde immer weiter und platzt schließlich auf. Die Wurzel ersetzt sie durch ein **Periderm**, ein neues schützendes Abschlussgewebe, das vom Perizykel gebildet wird. Im Laufe der Jahre muss die Wurzel nach innen zu immer wieder neue Periderme anlegen. So entsteht außerhalb eine tote **Borke**, die weitgehend jener der Stämme gleicht (siehe S. 45).

### WURZEL ODER SPROSSACHSE?

Manchmal ist es gar nicht so einfach, auf den ersten Blick zu unterscheiden, ob es sich bei einem Pflanzenteil um eine Wurzel oder ein Stück Sprossachse handelt. Hier hilft das Ausschlussprinzip: Eine Wurzel trägt niemals Blätter oder Blattanlagen und hat nie Spaltöffnungen.

# DIE GRUNDFUNKTIONEN

Dank ihres besonderen Aufbaus sind Wurzeln in der Lage, eine Vielzahl von Aufgaben zu erfüllen. Die einzelnen Strukturen der Wurzeln müssen dabei je nach der Lebensform und der Umgebung der Pflanze verschiedenen Anforderungen gerecht werden.

Die Wurzeln der Gewöhnlichen Fichte *(Picea abies)* verankern den Baum auch zwischen Felsen.

## FEST VERANKERT IN DER ERDE

Wurzeln dringen in der Regel in den Boden ein und verankern die Pflanze so im Substrat, dass diese einen guten Halt hat. Wie bei einem von Kunststoff ummantelten Stahlseil liegen auch bei der Wurzel die Elemente, die für Festigkeit sorgen, im Zentrum. Diese Kabelstruktur sorgt für eine hohe Zugfestigkeit und bleibt gleichzeitig so elastisch, dass sie sich leicht biegen lässt. Die Wurzelhaube erleichtert es der Wurzelspitze, beim Wachsen zwischen den Bodenteilchen vorwärtszukommen.

## UMSCHLAGPLATZ

Für die Aufnahme von Wasser und Nährsalzen in die Wurzel ist die Wurzelhaut zuständig. Damit sie möglichst gut funktioniert und viel Kontakt zur Umgebung hat, ist ihre Oberfläche anfangs durch die Wurzelhaare um ein Vielfaches vergrößert. Außerdem erleichtert es den Stoffaustausch, dass die Zellen der Wurzelhaut keine wasserabweisende Kutikula tragen.
Die Endodermis sorgt als inneres Abschlussgewebe dafür, dass Wasser und die darin gelösten Stoffe nicht ungehindert in die Leitbündel gelangen können. An ihr müssen die Flüssigkeiten den Weg über das Innere der lebenden Zellen nehmen – eine Aufnahme, die die Pflanze an den Zellmembranen selektiv steuern kann.

## PRODUKTION UND LAGER

Wie andere Organe der Pflanze können auch Wurzeln Reservestoffe speichern, vor allem Stärke oder Inulin, und neue Substanzen bilden. So entsteht zum Beispiel das Nikotin des Virginischen Tabaks *(Nicotiana tabacum)* in den Wurzeln und wird über die Stängel in die Blätter transportiert und dort gespeichert.

### LUFT FÜR DIE WURZELN

Sumpf- und Wasserpflanzen wie Sumpf-Dotterblume *(Caltha palustris)* oder Wasser-Ehrenpreis *(Veronica anagallis-aquatica)* stehen mit den Füßen im Wasser. Trotzdem müssen ihre Wurzeln mit ausreichend Luft versorgt werden. Denn auch in den Wurzelzellen atmen Pflanzen, um mithilfe des Sauerstoffs aus Zuckern Energie für ihre Stoffwechselprozesse zu gewinnen. Die Gewächse haben das Problem gelöst, indem sie in den Sprossachsen und Wurzeln lockeres Durchlüftungsgewebe mit großen Hohlräumen ausbilden. Entsprechend lassen sich die Sprossachsen und Wurzeln dieser Pflanzen sehr leicht zusammendrücken.

## WURZELN BEI WASSERPFLANZEN

Wasserpflanzen können Wasser und Nährsalze nicht nur über Wurzeln, sondern auch mit untergetauchten Stängeln und Blättern oder mit Schwimmblättern über die gesamte Oberfläche aufnehmen. Bei ihnen fehlt die Kutikula, die normalerweise vor Verdunstung schützt, oder sie ist so dünn ausgebildet, dass sie sehr gut durchlässig bleibt. Trotzdem bilden viele Wasserpflanzen Wurzeln aus. Diese können im Gewässerboden ankern und so die Pflanze an Ort und Stelle halten. Gleichzeitig schließen sie Nährsalze aus dem Boden auf. Bei Schwimmpflanzen tragen die manchmal fein verzweigten Wurzeln dazu bei, dass die Pflanze auch bei Wellengang stabil auf der Wasseroberfläche liegt.

Fein verzweigte Schwimmwurzeln der Dickstieligen Wasserhyazinthe *(Eichhornia crassipes)*

## WURZELN AN UNGEWOHNTER STELLE

Nicht immer sitzen Wurzeln von vornherein am unteren Ende der Sprossachse. **Adventivwurzeln** bilden sich an anderen Stellen aus Nicht-Wurzelgewebe. Häufig entstehen sie als sprossbürtige Wurzeln an den Sprossachsen. Bei Mais *(Zea mays)* und anderen hochwachsenden Gräsern wachsen sie regelmäßig als Stützwurzeln aus den untersten Knoten der Halme und stabilisieren die Pflanze. Bei anderen Pflanzen lösen erst widrige Umstände, etwa eine Wunde oder eine Überschwemmung, die Bildung von neuen Wurzeln aus. Sie können ihnen – wie beim Indischen Springkraut *(Impatiens glandulifera)* – auf sumpfigem Boden Halt geben oder verloren gegangene Wurzeln ersetzen, um Wasser und Nährstoffe aufzunehmen.

Auch Kriechsprosse, Ausläufer oder umgefallene Pflanzen können Adventivwurzeln entwickeln. So bewurzeln sich regelmäßig die Jungpflanzen an den Spitzen der Ausläufer von Erdbeeren *(Fragaria)*, Gänse-Fingerkraut *(Potentilla anserina)* oder Kriechendem Günsel *(Ajuga reptans)* sowie auf dem Boden liegende Triebe von Immergrün *(Vinca)* und Pfennigkraut *(Lysimachia nummularia)*.

Bei der vegetativen Vermehrung über Stecklinge (siehe S. 187) nutzt man die Fähigkeit von Sprossachsen, Adventivwurzeln zu bilden. Wurzeln, die sich bei der Bewurzelung eines Stecklings im Wasser bilden, werden oft als «Wasserwurzeln» bezeichnet. Es handelt sich jedoch um keinen besonderen Wurzeltyp; solche Wurzeln bilden im Gegensatz zu den «normalen» Erdwurzeln lediglich keine Wurzelhaare, sind weniger verzweigt und noch

Indisches Springkraut mit Adventivwurzeln an einem Knoten

### GARTEN-TIPP

Tomatenpflanzen *(Solanum lycopersicum)* bilden Adventivwurzeln, wenn man den Stängel bis zu den ersten Blättern mit Erde bedeckt. So wachsen sie besonders kräftig und erhalten eine gute Stabilität.

nicht verholzt. Entsprechend hergezogene Jungpflanzen gelten als besonders geeignet für Hydrokultur. In Erde gepflanzt, müssen solche Stecklinge sorgsam behandelt werden: Ihre Wurzeln sind weich und empfindlich und brechen leicht ab. Damit sich das Wurzelsystem auf Erdkultur umstellen kann, muss die Erde gleichmäßig feucht gehalten werden. Sie darf jedoch nicht verschlämmen, da sonst keine Luft mehr an die Wurzeln kommt.

Einige Kletterpflanzen wie Efeu *(Hedera helix)*, Kletter-Hortensie *(Hydrangea anomala)* und Amerikanische Klettertrompete *(Campsis radicans)* nutzen Adventivwurzeln an den Sprossachsen zur Verankerung (**Wurzelkletterer**). Ihre **Haftwurzeln** werden noch in der Luft auf der lichtabgewandten Seite des Sprosses angelegt. Sie «saugen» sich fest, sobald sie mit einer Unterlage – egal ob Baumrinde oder Hauswand – in Berührung kommen. Der Efeu scheidet hierzu klebrige Tröpfchen an den Enden der Wurzelhaare aus, die eintrocknen, sobald sie mit dem Substrat in Kontakt kommen. Diese Wurzelkletterer sind keine Schmarotzer. Ihre Haftwurzeln dienen nicht dazu, Wasser und Nährstoffe aufzunehmen, und dringen auch nicht in die Rinde von Stützbäumen ein. An einer dauerhaft feuchten Wand oder in einer erdgefüllten Ritze verhalten sie sich jedoch wie Nährwurzeln und können Schäden am Bauwerk verursachen.

Junge Haftwurzeln von Efeu

Meerrettich *(Armoracia rusticana)* wächst als Staude und bildet eine Pfahlwurzel.

An einer Böschung frei liegende Wurzeln einer Rot-Buche *(Fagus sylvatica)*

## VON TELLERN UND PFÄHLEN

Wurzeln können sehr verschieden ausgebildet und angeordnet sein.
Einkeimblättrige Pflanzen entwickeln keine Hauptwurzel, sondern viele gleichrangige Wurzeln, die sich meist kaum verzweigen und alle mehr oder weniger gleich aussehen. Bei den meisten zweikeimblättrigen Pflanzen dagegen wächst die Keimwurzel zu einer Hauptwurzel aus, die schräg oder horizontal in den Boden eindringende Seitenwurzeln bildet. Diese können unterschiedlich stark entwickelt sein.
Viele Pflanzen wie Weinrebe *(Vitis vinifera)*, Lavendel *(Lavandula)* und Rosen *(Rosa)* haben mehrere lange, tief in den Boden reichende Wurzeln. Solche **Tiefwurzler** können weit unten im Boden liegende Wasserschichten erreichen und die Pflanze gut verankern. Oft entwickelt sich nur die Hauptwurzel zu einer kräftigen, senkrecht in den Boden eindringenden **Pfahlwurzel**. Tannen *(Abies)*, Kiefern *(Pinus)*, Kultur-Birne *(Pyrus communis)* und Eichen *(Quercus)* besitzen auch als große Bäume ein Pfahlwurzelsystem. Sie sind damit gut an trockene Böden angepasst.
Auch Möhre *(Daucus carota)*, Gewöhnliche und Rotkelchige Nachtkerze *(Oenothera biennis, Oenothera glazioviana)*, Pastinak *(Pastinaca sativa)* und viele andere zweijährige Pflanzen entwickeln im ersten Jahr eine Pfahlwurzel. Sie dient ihnen gleichzeitig als Speicherwurzel für die Nährstoffe, die sie im zweiten Jahr benötigen, um kräftig zu wachsen und Blütenstände und Früchte zu bilden.

**Flachwurzler** dagegen breiten ihr Wurzelwerk vorwiegend horizontal in den oberen Bodenschichten aus – sie bilden einen **Wurzelteller**, dessen Durchmesser größer als jener der Krone sein kann. Solche Gewächse haben sich an flachgründige Böden angepasst. Sie profitieren direkt vom Regenwasser, noch bevor dieses

## GARTEN-TIPP

Wenn Sie Gemüse, Stauden und einjährige Zierpflanzen regelmäßig, aber vergleichsweise wenig wässern, breiten sich deren Wurzeln vorwiegend flach im Boden aus. Es ist deshalb sinnvoller, die Pflanzen in größeren Abständen und dann aber kräftig zu gießen. Die Pflanzenwurzeln folgen nun dem versickernden Wasser in tiefere Bodenschichten und sind gegen Trockenheit besser gewappnet.

tiefer in den Boden versickert. Fehlt jedoch Regen, ist ihnen der Weg zum Grundwasser abgeschnitten und sie können vertrocknen. Zu den Flachwurzlern zählen Fichten *(Picea)*, Magnolien *(Magnolia)*, Birken *(Betula)*, Eschen *(Fraxinus)* und Äpfel *(Malus)*.

Fichten, Eschen und andere flachwurzelnde Bäume verlieren bei Sturm rasch den Halt und können im Garten und an Straßen zu einem Risiko werden. Außerdem können ihre Wurzeln mit zunehmendem Dickenwachstum die Oberfläche durchbrechen und Teer, Pflastersteine oder Gehwegplatten anheben.

**Herzwurzler** wie Buchen *(Fagus)*, Linden *(Tilia)*, Spitz-Ahorn *(Acer platanoides)* und Ginkgo *(Ginkgo biloba)* vereinen die Merkmale von Tief- und Flachwurzlern: Von kurzen, in die Tiefe wachsenden Hauptwurzeln zweigen bei ihnen starke waagerechte Wurzeln ab. So entsteht ein kompaktes Wurzelwerk, das sich in alle Richtungen ausbreitet. Diese Bäume sind standfest und können sich besonders gut an unterschiedliche Bodenverhältnisse anpassen.

Eschenwurzeln zwischen Pflastersteinen

Knollen-Sellerie

## VON RÜBEN UND KNOLLEN

Wurzeln, die in erster Linie eine Speicherfunktion übernehmen, zeigen dies oft schon auf den ersten Blick: Sie sind dick. Wenn der verdickte Pflanzenabschnitt hauptsächlich von der Hauptwurzel (Pfahlwurzel) gebildet wird, handelt es sich um eine **Rübe**. In sie können auch Teile des Hypokotyls, also des Abschnitts der Sprossachse zwischen Wurzel und Keimblättern, einbezogen sein. Während der Hauptwurzelteil Seitenwurzeln trägt, fehlen solche am Hypokotyl. Typische Rüben sind Möhren und Rettiche. Auch bei dem dicken Gebilde von Knollen-Sellerie (*Apium graveolens* var. *rapaceum*) handelt es sich botanisch betrachtet nicht um eine Knolle, sondern um eine Rübe. Bei ihr sind Hauptwurzel, Hypokotyl und die gestauchte Sprossachse beteiligt. Der Sprossabschnitt trägt noch Blattreste oder Blattnarben, am Wurzelabschnitt sitzen dünne und dickere Seitenwurzeln. Sowohl Knollen-Sellerie als auch Garten-Rettich und Karotte

### RETTICH ODER RADIESCHEN?

Rettiche können verholzen, Radieschen werden eher schwammig-pelzig. Dies hängt mit der Herkunft und dem Bau des verdickten Teils zusammen. Bei der Rübe des Rettichs besteht er hauptsächlich aus dem Holzkörper der Wurzel. Bei Radieschen dagegen handelt es sich um Hypokotylknollen: Bei ihnen hat sich nicht die Wurzel, sondern das Hypokotyl verdickt. Deshalb besitzen sie viel lockeres Sprossgewebe.

Rüben von Rettich und Karotte, aufgeschnitten

sind zweijährige Pflanzen, die im zweiten Jahr die Speicherstoffe aus der Rübe verbrauchen, um zu blühen und zu fruchten.

Die Wurzel des Garten-Rettichs (*Raphanus sativus* var. *sativus*) bildet beim Dickenwachstum viel Holz nach innen und besitzt nur eine dünne Rinde (Holzrübe). Die Wurzel der Karotte (*Daucus carota* subsp. *sativus*) dagegen bildet wenig Holz und viel Bast. Sie besitzt deshalb eine dicke Rinde (Bastrübe).

Bei **Wurzelknollen** verdicken sich Seitenwurzeln oder Adventivwurzeln zu Speicherorganen. Hierher gehören die sprossbürtigen Speicherwurzeln von Dahlien *(Dahlia)*, Taglilien *(Hemerocallis)* und Süßkartoffeln *(Ipomoea batatas)*. Beim Scharbockskraut *(Ficaria verna)* brechen die Wurzelknollen an der Basis leicht ab und dienen der vegetativen Vermehrung (siehe S. 189).

Wurzelknollen einer Dahlie

## ZUGWURZELN

Zwiebeln, Knollen oder Rhizome liegen nicht immer in optimaler Tiefe im Boden. Sie können zum Beispiel durch Regen freigespült oder bei Bodenbewegungen freigelegt werden. Dem stehen die Pflanzen jedoch nicht machtlos gegenüber: Sie besitzen besondere Wurzeln, die die Speicherorgane aktiv durch Kontraktion tiefer in den Boden ziehen. Diese Zugwurzeln haben dafür spezielle Rindenzellen. Wenn sich der Druck in diesen Zellen erhöht, verkürzen sie sich wie ein Muskel und werden gleichzeitig dicker. Die Verlagerung geht natürlich langsam und lässt sich nicht mit bloßem Auge verfolgen. Nachdem sich die Wurzel verkürzt hat, ist ihre Rinde wie eine heruntergerutschte Socke quergewellt.

### GARTEN-TIPP

Beim Pflanzen von Knollen, Blumen- oder Steckzwiebeln sollten die Wurzelansätze immer nach unten in den Boden zeigen. Manchmal sind diese jedoch nicht einfach zu erkennen. Falsch herum gesteckt, drehen sich die Knollen und Zwiebeln dank der Zugwurzeln langsam selbst in die richtige Lage – eine Pirouette in Zeitlupe. Allerdings schwächt sie dies, sodass sie verspätet und oft weniger stark austreiben.

## LEBEN IN SYMBIOSE

An ausgegrabenen Wurzeln sieht man nur ganz selten Wurzelhaare. Dabei sollten solche doch entsprechend den obigen Ausführungen knapp hinter den Wurzelspitzen vorhanden sein, um Wasser und mineralische Nährstoffe aus dem Boden aufzunehmen.

Fast alle unsere Pflanzen gehen jedoch im Boden raffinierte Lebensgemeinschaften ein, über die sie viel besser mit Nährstoffen versorgt werden als über die Wurzelhaare. Bei der als **Mykorrhiza** bezeichneten Symbiose leben Pflanzen im Wurzelbereich mit bestimmten Pilzen zusammen. Die Bodenpilze nehmen mit ihren Pilzfäden (Hyphen) Wasser und mineralische Nährstoffe aus dem Boden auf und übergeben diese der Pflanze. Mit den feinen, nur eine Zelle breiten Fäden können sie den Bodenraum viel besser und weitreichender durchdringen als die Pflanzenwurzeln. So vergrößern und verbessern sie als verlängerte Arme der Wurzeln deren Einzugsbereich. Im Gegenzug erhält der Pilz von der Pflanze Kohlenhydrate und verschiedene andere organische Stoffe, die er für sein Wachstum braucht.

### LEBEN OHNE PILZE

Die Familie der Kreuzblütler (Brassicaceae) gehört zu den wenigen Pflanzenfamilien, die keine Mykorrhiza ausbilden. Um im Bodengefüge ausreichend Nährstoffe und Wasser aufnehmen zu können, entwickeln deshalb Senf *(Sinapis)*, Raps (*Brassica napus* subsp. *napus*), Garten-Rettich (*Raphanus sativus* var. *sativus*), Garten-Kresse *(Lepidium sativum)* und ihre Verwandten im Vergleich zu anderen Pflanzen lange Wurzelhaare (siehe S. 26).

## WURZELN IN WOLLHANDSCHUHEN

Die meisten Gehölze mit auch bei uns heimischen Vertretern wie Tannen *(Abies)*, Fichten *(Picea)*, Birken *(Betula)*, Hainbuchen *(Carpinus)*, Eichen *(Quercus)* und Buchen *(Fagus)* besitzen eine **Ektomykorrhiza**. Die Mehrzahl ihrer Pilzpartner gehört zu den Ständerpilzen (Basidiomycota). Zu ihnen zählen Wulstlinge wie der Fliegenpilz *(Amanita muscaria)* und Dickröhrlinge wie der Steinpilz *(Boletus edulis)*. Bei passenden Bedingungen entwickeln die Pilze ihre auffälligen Fruchtkörper in der Nähe der Bäume. Viele der Pilzarten sind in Bezug auf ihren Baumpartner wenig wählerisch. Andere dagegen brauchen einen bestimmten Wirt.

Nur mit einer gut funktionierenden Pilzwurzel können sich die Gehölze optimal entwickeln. Bei der Ektomykorrhiza besteht die wichtigste Aufgabe des Pilzes darin, den Baum mit Stickstoff zu versorgen. Zwar enthält eine Nadel- oder Blattstreu auf den Böden organische Stickstoffverbindungen, doch der Baum kommt an den Stickstoff weder heran, wenn dieser in den kaum zersetzten Nadeln und Blättern fest gebunden ist, noch, wenn ihn saprophytische Pilze und Bakterien aus dem toten, organischen Material freisetzen. Hier kommen die Mykorrhizapilze zum Zug: Sie leiten die Stickstoffverbindungen (besonders Ammonium) zu den Baumwurzeln, noch bevor sie vom Regen ausgewaschen werden. Zusätzlich versorgen sie das Gehölz mit Phosphor und halten viele Krankheitserreger fern.

Mykorrhizapilze bandeln in der Regel nicht nur mit einem einzigen Individuum an. Über ihre Hyphen können viele Exemplare untereinander in Kontakt stehen. Auch Sämlinge von Bäumen, die im dichten Bestand kaum Fotosynthese betreiben können, sind in dieses Netzwerk eingebunden. Sie profitieren über diesen Weg wie der Pilz von den Kohlenhydraten der Bäume, die einen Platz an der Sonne erreicht haben.

## WURZELN IN SPITZENHANDSCHUHEN

Bei unseren Obstgehölzen, vielen fremdländischen Gehölzen wie Magnolie *(Magnolia)*, Trompetenbaum *(Catalpa)*, Amberbaum *(Liquidambar)*, Tulpenbaum *(Liriodendron tulipifera)*, Olivenbaum *(Olea europaea)* sowie bei Stauden und Kräutern sucht man vergeblich nach Fruchtkörpern von Ständerpilzen, die auf eine Ektomykorrhiza hindeuten würden. Diese Gewächse besitzen eine andere Form der Pilzwurzel: die **vesikulär-arbuskuläre Mykorrhiza**. Bei dieser Symbiose versorgt ein **arbuskulärer Mykorrhizapilz** (Glomeromycota) die Pflanze vor allem mit Phosphaten. Der Pilz führt ein Leben im Verborgenen und bildet keine auffälligen Fruchtkörper.

Der Goldröhrling *(Suillus grevillei)* bildet eine Ektomykorrhiza mit Lärche *(Larix)*.

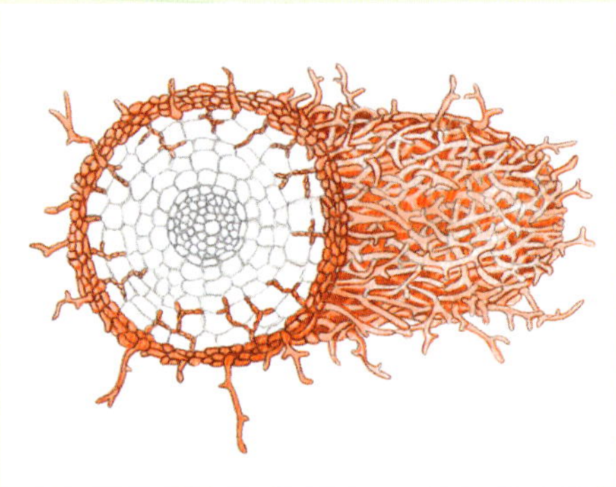

Bei der Ektomykorrhiza steckt die feine Wurzel in einem Pilzmantel wie in einem dicht anliegenden Wollhandschuh. Nach außen fusseln feine Hyphen ab und durchziehen den Boden. Auch zwischen die Zellen der Wurzelrinde dringen Pilzfäden ein. Sie sorgen für einen engen Kontakt, über den Nährstoffe gut ausgetauscht werden können.

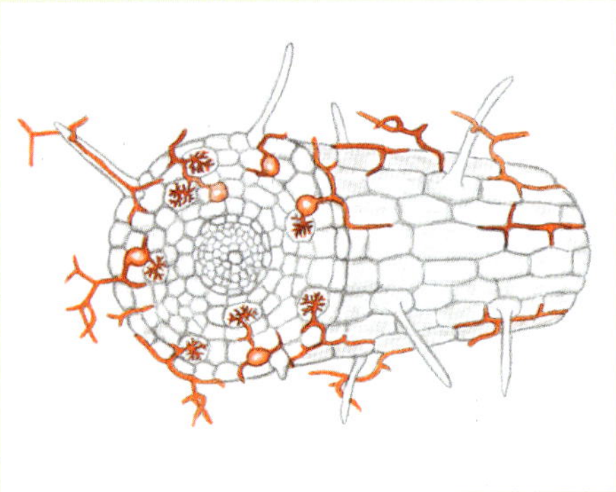

Die arbuskulären Mykorrhizapilze weben nur ein zartes Geflecht um die Wurzeln. Ihre Hyphen dringen in die Zellen der Wurzelrinde ein, verzweigen sich dort bäumchenartig oder schwellen zu Bläschen an.

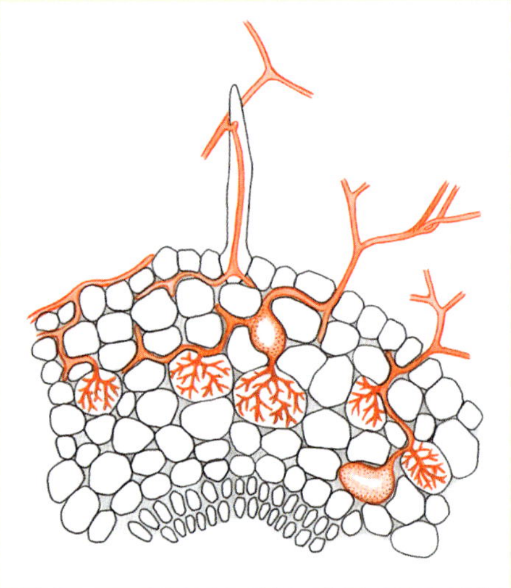

## GARTEN-TIPP

Normalerweise finden sich die Mykorrhizapartner ganz von alleine. In gestörten Böden – zum Beispiel rund um Neubauten oder in Pflanzgefäßen – kann es jedoch sehr lange dauern, bis Pflanzen mit Pilzen anbandeln. Für diese Fälle gibt es Mykorrhiza-Substrate zu kaufen. Sie versorgen das Gewächs mit passenden Pilzen. Diese sind in der Regel an ein Granulat gebunden oder in Tonkügelchen eingeschlossen, die in die Erde eingebracht werden.

Wurzelknöllchen an Feuer-Bohne *(Phaseolus coccineus)*

## KNÖLLCHEN ALS DÜNGERFABRIKEN

Erbsen *(Pisum)*, Bohnen *(Phaseolus)*, Klee *(Trifolium)*, Robinien *(Robinia)*, Goldregen *(Laburnum)* und die meisten anderen Hülsenfrüchtler (Fabaceae) bilden kleine **Knöllchen** an den Wurzeln. Hierbei handelt es sich nicht um eine Krankheit, sondern um eine besondere Symbiose: In den meist etwa 2 mm, gelegentlich bis zu 5 mm großen Gebilden leben **Knöllchenbakterien**. Sie vermehren sich dort und werden von der Pflanze mit Kohlenhydraten versorgt. Als Gegenleistung bilden die Bakterien das Enzym Nitrogenase, das elementaren Stickstoff aus der Luft bindet und als Ammonium der Pflanze verfügbar macht. Die so gedüngten Pflanzen wachsen auch auf nährstoffarmen Böden sehr gut. Doch der Dünger kommt nicht nur ihnen zugute. Sterben sie ab oder werfen Robinien und Goldregen im Herbst ihr Laub ab, gelangen Stickstoffverbindungen in die Erde. Auf dem gedüngten Boden können sich nun andere Pflanzen gut entwickeln.

In der Landwirtschaft ist die wichtige Rolle von Hülsenfrüchtlern in der Fruchtfolge auf den Feldern schon seit Jahrhunderten bekannt. Als Fabriken in großem Maßstab Kunstdünger produzierten, verloren sie etwas an Bedeutung, sind aber heute noch besonders im biologischen Landbau unverzichtbar.

### GARTEN-TIPP

Auch im Garten lässt sich der Boden mit Kulturen von Klee *(Trifolium)*, Wicken *(Vicia)* oder Lupinen *(Lupinus)* mit Stickstoff anreichern. Diese mähen Sie zur Gründüngung vor der Samenreife ab und arbeiten sie nach dem Abtrocknen in den Boden ein.

## WURZELVERÄNDERUNGEN, KRANKHEITEN UND SCHÄDLINGE AN WURZELN

| BETROFFENE PFANZEN | MERKMALE | URSACHE | MASSNAHMEN |
|---|---|---|---|
| <br>An fast allen Gemüsen und Zierpflanzen, besonders an Möhre *(Daucus carota)*, Blattsalaten *(Lactuca, Cichorium)*, Bohnen *(Phaseolus)*, Petersilie *(Petroselinum crispum)*, Sellerie *(Apium graveolens)*, Johannisbeere *(Ribes)*, Weinrebe *(Vitis vinifera)*, Kübel- und Zimmerpflanzen. Fällt oft besonders an Topfpflanzen auf, wenn diese umgetopft werden. | Zwischen und auf den Wurzeln und am Wurzelhals flügellose, ausgewachsen meist 2–3 mm große, bräunliche oder weißliche Insekten, meist dicht gedrängt sitzend. Tiere und die Innenseiten von Blumentöpfen sind oft von weißem, pudrigem Wachs bedeckt. Geflügelte Exemplare können neue Wirte aufsuchen. Kümmerwuchs und Welken der Pflanzen. Oft Ameisenkolonien an den Pflanzen, die Honigtau ernten. | **Schmierläuse** und **Blattläuse**<br>Verschiedene Arten.<br>Sie ernähren sich von Pflanzensaft, den sie aus den Wurzeln saugen. Bevorzugt befallen werden durch Nährstoffmangel, Staunässe oder Trockenheit geschwächte Pflanzen. | Rainfarn- oder Brennnesselbrühe zur Stärkung der Pflanzen. Boden feucht halten. Im Freiland den Boden mulchen und so Bodeninsekten fördern, die Wurzelläuse fressen. Tomaten, Küchen-Zwiebeln und Pfeffer-Minze als unbeliebte Pflanzen in die Kultur setzen. Wurzeln bei Topfpflanzen gründlich abspülen und in neues Substrat setzen. Auch Neembaumöl und synthetische Insektizide können angewandt werden. |
| <br>Möhre (Foto), Blattsalate, Rote Bete (*Beta vulgaris* subsp. *vulgaris*), Sellerie, Tomate *(Solanum lycopersicum)* und andere Gemüse | An dünnen Wurzeln kleine helle, meist glatte Vedickungen. Wurzeln oft mit vielen Seitenwurzeln. Bei Möhre und Schwarzwurzeln anstelle der Pfahlwurzel eine kurze, deformierte, oft gegabelte oder verzweigte oder knotig angeschwollene Wurzel. Oberirdisch kommt es zu reduziertem Wachstum. | **Nördlicher Wurzelgallennematode** *(Meloidogyne hapla)*<br>Winzige Fadenwürmer, auch Älchen genannt, dringen als Larven in die Wurzeln ein und lösen die Bildung von Gallen aus. Sie entwickeln sich in den Gallen. Ausgewachsene Weibchen sind ca. 0,5 mm groß. | Bei starkem Befall die Pflanzenart nicht mehr anbauen und unempfindliche Arten wählen. Neembaumöl. |
| <br>Blattsalate und viele Gemüse, Zierpflanzen, Wiesenpflanzen | Pflanzen werden welk, sitzen oft nur oberflächlich, fast ohne Wurzeln in der Erde. Große, vertiefte Fraßstellen an den Wurzeln, Bohrgänge durch die Wurzeln bis in die Sprossachse.<br>Unbehaarte Raupen oder bis 2,5 cm lange schmale, gelbe, wurmartige Insektenlarven. | **Wühlmäuse**<br>Sie ziehen manchmal sogar die ganze Pflanze unter die Erde.<br>**Erdraupen** von **Eulenfaltern**, z. B. Ampfer-Wurzelbohrer (im Bild links), **Larven** von **Schnellkäfern** («Drahtwürmer», im Bild rechts) und andere Insektenlarven. | Wühlmausfallen.<br>Bei Insektenlarven im Sinne der Förderung der Biodiversität prüfen, ob Bekämpfung unbedingt erforderlich ist.<br>Boden regelmäßig auflockern. Natürliche Feinde wie Vögel, Spitzmäuse, Igel, Laufkäfer fördern.<br>Gegen Erdraupen: Lösung mit parasitischen Nematoden ausbringen. Gegen Drahtwürmer: Ringelblumen und Tagetes pflanzen. |

ORGANE DER PFLANZE

# SPROSSACHSEN

Die Sprossachse nimmt bei der Pflanze eine tragende Rolle ein und verbindet Wurzeln und Blätter miteinander. Sie ist ein wichtiger Vermittler zwischen den einzelnen Organen und sorgt für die Verteilung verschiedenster Stoffe.

# DER GRUNDBAUPLAN

Bei einer Sprossachse handelt es sich – vereinfacht gesagt – um einen stabförmigen Zylinder, der sich normalerweise entgegen der Schwerkraft in den Luftraum erhebt. Wenn im Bereich der Botanik tätige Personen von ihr sprechen, geben sie ihr je nach Ausprägung besondere Bezeichnungen:

Ein **Stängel** ist eine meist krautige, höchstens schwach verholzte Sprossachse, wie sie zum Beispiel für Stauden wie Taubnessel *(Lamium)* und Minze *(Mentha)* typisch ist.

Ein **Schaft** ist ein langer laubblattloser Stängel, der am Ende eine Blüte trägt, wie bei der Osterglocke *(Narcissus pseudonarcissus)*, oder eine entsprechende Sprossachse, die einen Blütenstand trägt, wie bei der Küchen-Zwiebel *(Allium cepa)*.

Bei den **Halmen** der Gräser handelt es sich um die in den Internodien meist weitgehend hohlen Stängel von Süßgräsern (Poaceae).

Ein **Stamm** ist der dicke Hauptspross eines Gehölzes. Er zeichnet sich dadurch aus, dass er verholzt und damit sehr fest ist.

Als **Ast** wird ein dickerer Seitenspross bei einem Gehölz bezeichnet.

Bei einem **Zweig** handelt es sich um einen dünneren Seitenspross eines Gehölzes oder einer krautigen Pflanze.

Ein **Wurzelstock** oder **Rhizom** ist eine mehr oder weniger verdickte Sprossachse, die meist horizontal und unterirdisch oder dicht über dem Boden wächst. Er dient der Nährstoffspeicherung und Überdauerung.

Bei einem **Ausläufer** handelt es sich um einen auf der Erdoberfläche oder unterirdisch wachsenden Seitenspross mit langen Internodien und reduzierten Blättern. Er dient der vegetativen Vermehrung.

Die Echte Schlüsselblume *(Primula veris)* bildet Schäfte mit Blütendolden.

## DAS INNENLEBEN EINER SPROSSACHSE

Querschnitt durch den Stängel einer Berg-Flockenblume *(Centaurea montana)*

Eine Sprossachse enthält entsprechend ihren Funktionen verschiedene Gewebe. Ihre Oberfläche ist von einer **Epidermis** bedeckt, in der wie bei Blättern Spaltöffnungen (siehe S. 66) vorhanden sind. Nach innen zu folgt **Rindengewebe**, das Fotosynthese betreiben kann. Im Zentrum liegt **Markgewebe**, das als Speichergewebe dienen kann. Oft ist das Innere der Sprossachse auch hohl – dann entsteht eine **Markhöhle**. Die Leitungsgewebe stellen den Ferntransport von Wasser und gelösten Stoffen sicher. Sie sind zu **Leitbündeln** zusammengefasst. Bei den meisten zweikeimblättrigen Pflanzen sind sie zu einem Ring angeordnet. Bei den einkeimblättrigen Pflanzen dagegen liegen sie auf dem Querschnitt zerstreut. Jedes Leitbündel besteht aus einem außen liegenden **Siebteil** (Phloem), das hauptsächlich organische Stoffe transportiert, und einem innen liegenden **Gefäß-** oder **Holzteil** (Xylem), das vor allem Wasser und anorganische Ionen transportiert. Zusätzlich enthält der Stängel Festigungsgewebe. Dieses liegt oft um die Leitbündel herum, kann sich aber zum Beispiel auch in Kanten oder Riefen des Stängels befinden.

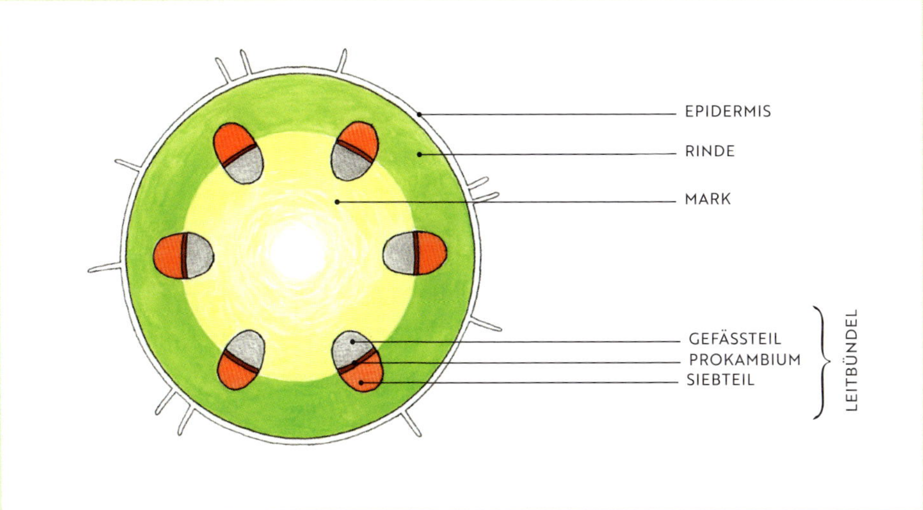

## AN UMFANG ZULEGEN

Über die Dicke eines Stängels, eines Halmes oder eines Schaftes entscheiden die Gewebe, die bereits von vornherein ihre Teilungsfähigkeit behalten haben: das **Apikalmeristem** an der Spitze des Stängels sowie bei den meisten Zweikeimblättrigen zusätzlich Längsstreifen mit teilungsfähigem Gewebe im Bereich der Leitbündel, das **Prokambium**. Ein solches Dickenwachstum, das für krautige Pflanzen typisch ist, heißt in der Botanik **primäres Dickenwachstum** oder **Erstarkungswachstum**.

Hohe krautige Pflanzen wie der Riesen-Bärenklau *(Heracleum mantegazzianum)* zeigen ein ausgeprägtes Erstarkungswachstum.

Für das **sekundäre Dickenwachstum**, das typisch für Baumstämme, Äste und Zweige ist, ist ein anderes **Kambium** verantwortlich. Es wird erst angelegt, wenn der Umfang zunimmt. Bei diesem meristematischen Gewebe handelt es sich um eine einlagige Schicht teilungsfähiger Zellen, die einen hauchdünnen Hohlzylinder in der Sprossachse bildet. Nach außen gibt das Kambium **Bast** (sekundäres Phloem) und nach innen **Holz** (sekundäres Xylem) ab. So kann die Sprossachse wesentlich in der Dicke zulegen. Es mag etwas verwirrend erscheinen, aber die Bezeichnungen Bast und Holz werden jeweils für die gesamten Gewebekomplexe verwendet, unabhängig davon, ob der Holzstoff Lignin in die Zellwände eingelagert wird oder nicht, die Zellen also verholzt sind oder nicht. Bei Bäumen und Sträuchern gibt es sowohl im Bast als auch im Holz große Mengen an verholzten Zellen, wodurch die Äste und Stämme extrem stabil werden.

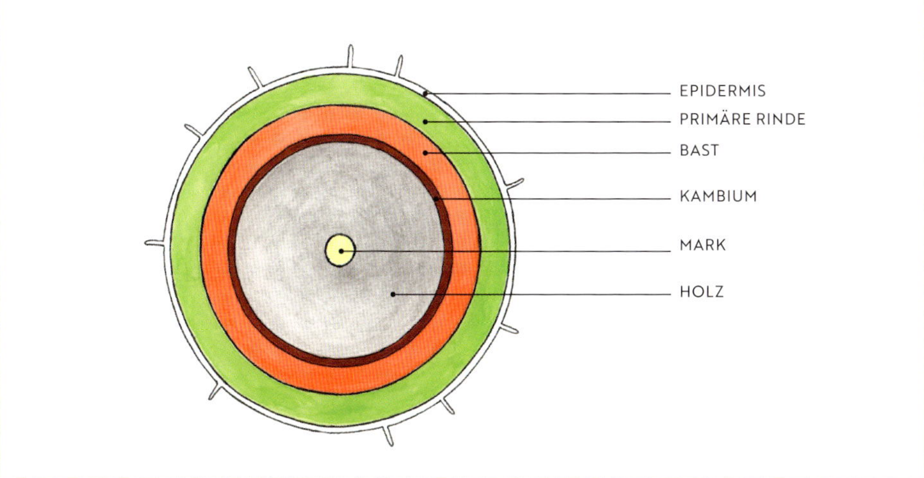


Wenn ein Stamm dicker wird, können sich die äußeren Schichten (**Epidermis** und **primäre Rinde**) bald nicht mehr an den zunehmenden Umfang anpassen. Um dies zu kompensieren, entsteht im Bast ein zusätzliches Kambium, das **Korkkambium** (Phellogen). Es bildet nach außen ein neues Abschlussgewebe aus weitgehend wasser- und luftundurchlässigen Zellen, den **Kork**. Bei Kork-Eichen *(Quercus suber)* wird dieser besonders dick. Damit weiterhin ein Gasaustausch möglich ist, gibt es in ihm luftdurchlässige **Korkwarzen** (Lentizellen), die nur locker mit abgestorbenen Korkzellen gefüllt sind. Mit der Zeit wird auch für dieses erste Korkkambium die Sprossachse zu dick. Es wird deshalb bei Bedarf durch neue, weiter innen angelegte Korkkambien ersetzt. Ihre wasserundurchlässigen Schichten schneiden alle außerhalb liegenden Schichten von der Stoffversorgung ab – diese sterben ab und es entsteht eine tote **Borke**.

Landläufig wird nur die feste, harte Schicht, die die Sprossachsen holziger Gewächse außen bedeckt, als **Rinde** bezeichnet. Eine botanische Fachperson versteht unter der Rinde eines Gehölzes jedoch alle lebenden und toten Schichten, die räumlich gesehen außerhalb des Kambiums liegen.

Korkwarzen an Schwarzem Holunder *(Sambucus nigra)*

# DIE GRUNDFUNKTIONEN

Die Sprossachse spielt eine Schlüsselrolle für eine funktionierende Pflanze. Sie sorgt für ihre Stabilität sowie für den Transport und die Speicherung von Wasser, Nährsalzen und von den Produkten der Fotosynthese. Der stabförmige Zylinder muss also zahlreiche Funktionen gleichzeitig erfüllen.

## HOCH UND WEIT HINAUS

Um den Luftraum zu erobern und sich damit nicht nur der Schwerkraft entgegenzusetzen, sondern auch Wind und anderen Belastungen zu trotzen, ist eine Sprossachse stabil gebaut. Dazu tragen ihre Festigungselemente bei.

### Stabile Röhren

Die Evolution hat für Stängel nicht nur ideale Strukturen ausgeklügelt, sondern setzt diese auch besonders materialsparend ein: In Leichtbauweise liegen die Festigungselemente bevorzugt außen, der Stängel wird oft hohl oder ist im Inneren nur mit lockerem Mark gefüllt. Verstärkte Kanten, Längsriefen oder Flügelleisten stabilisieren die Achse zusätzlich. Je nachdem, wie die Bauelemente angeordnet und ausgebildet sind, sorgen sie dafür, dass der Stängel

Halme von Riesen-Chinaschilf (*Miscanthus* x *giganteus*)

Flügel-Spindelstrauch *(Euonymus alatus)* mit Flügelleisten

biegsam oder steif ist oder auch Verdrehungen aushält. Auch die Kombination von Knoten und Internodien trägt zur Stabilität bei. So können Getreidehalme bei wenigen Millimetern Durchmesser über einen Meter hoch werden, bei Schilfrohr *(Phragmites)*, Pfahlrohr *(Arundo donax)* und einigen Bambus-Arten sogar viele Meter.

### Massive Stäbe

Gehölze verwirklichen mit ihrem sekundären Dickenwachstum eine andere Strategie: Sie bilden mit viel Festigungsgewebe massive Säulen. Das Holz der Stämme und Zweige nimmt kontinuierlich zu, ein Vorgang, der in den **Jahresringen** zu erkennen ist. Diese entstehen, weil das Wachstum über das Jahr gesehen nicht gleich verläuft. Im Frühjahr bildet der Baum meist lockeres, großvolumiges Gewebe, durch das rasch viel Wasser fließen kann. Im Sommer und Herbst entsteht dichteres Gewebe, das vor allem für Festigkeit sorgt. Die Ruhephase im Winter markiert die Grenze zwischen den Jahresringen.

Bei vielen Baumarten lassen sich unabhängig von den Jahresringen zwei verschiedene Holzbereiche unterscheiden: Ein helleres Splintholz umgibt ein dunkleres Kernholz. Bei diesen Arten fließt Wasser nur im Splintholz, das Kernholz ist wasserdicht imprägniert und dient ausschließlich der Festigung.

Stammquerschnitt einer Stiel-Eiche *(Quercus robur)*

## IMMER IM FLUSS

### Wasser marsch

Die **Holzteile** der Leitbündel sorgen in den Stängeln dafür, dass Wasser- und Nährsalze von den Wurzeln zu den Blättern gelangen. Sie enthalten zu diesem Zweck langgestreckte Röhrchen mit dicken, steifen Wänden. Die Strömungsrichtung der Flüssigkeit in diesen Strukturen verläuft fast ausschließlich vom Boden nach oben. Bei Holzpflanzen sind die jüngsten Jahresringe des Holzes für diese Aufgabe zuständig.
Damit der Ferntransport entgegen der Schwerkraft funktioniert, nutzt die Pflanze die **Transpiration** als wesentliche Triebkraft: Einen Großteil des aufgenommenen Wassers schwitzt sie als Wasserdampf wieder aus. Dies geschieht hauptsächlich über die Spaltöffnungen (siehe S. 66), aber auch, jedoch in viel geringerem Maß, über andere Oberflächen. Es entsteht ein Sog, der sich von den Blättern bis in die Wurzeln fortsetzt und für den die Pflanze keine Energie benötigt. Eine einzige Sonnenblume verdunstet dabei an einem Tag über 1 l Wasser.

Um auch bei geschlossenen Spaltöffnungen oder im Winter einen ausreichenden Fluss aufrechtzuerhalten, hat die Pflanze einen zusätzlichen «Notmotor»: den **Wurzeldruck**. Er baut sich beim Transport von Wasser in den Wurzeln auf und ist ein aktiver Prozess, für den die Pflanze Energie verbraucht. Er erreicht Druckwerte um 1 bar. Die Flüssigkeit kann damit höchstens 10 m hoch steigen, das bedeutet, über 100 m hohe Bäume können also mit dem Wurzeldruck allein nicht versorgt werden. Für krautige Pflanzen ist er dagegen eine Alternative zur Transpiration.
Ein weiterer Motor, der auch bei fehlender Verdunstung funktioniert, ist der Wasserfluss im Siebteil der Leitbündel beziehungsweise im Bast. Wenn die im Blattgewebe gebildeten Zucker aktiv in die Leitbündel transportiert werden, strömt gleichzeitig passiv Wasser aus dem Holzteil dorthin. So entsteht ein interner Wasserkreislauf.

### TAU, DER KEINER IST

Wenn Sie einen Rasen am Abend mähen, können Sie am nächsten Morgen meist an jeder Schnittstelle der Grashalme ein kleines Tröpfchen beobachten. Der Wurzeldruck hat die Flüssigkeit dort herausgepresst.

## Zucker Marsch

Die **Siebteile** der Leitbündel sind für den Ferntransport von organischen Stoffen zuständig. Bei den transportierten Stoffen handelt es sich in erster Linie um Kohlenhydrate, vor allem Zucker (Saccharose). Dazu kommen Eiweiße und Aminosäuren als deren Bausteine, organische Säuren und zum Beispiel Pflanzenhormone. In Gehölzen übernehmen die lebenden Bereiche der Rinde diese Aufgabe.
Die Richtung, in die der Strom im Siebteil fließt, kann wechseln. Sie verläuft immer vom Ort des Angebots zum Ort des Verbrauchs. Wenn in den Blättern Fotosynthese stattfindet, wird der dort entstehende Zucker in die Speicherorgane transportiert. Dann ist die Richtung im Gewächs also von oben nach unten. Im Frühjahr dagegen – beim Austrieb der Pflanzen – müssen die gespeicherten Stoffe mobilisiert und in umgekehrter Richtung in die wachsenden Pflanzenteile gebracht werden.

## TANKSTELLEN

Blattläuse wie die Schwarze Bohnenlaus *(Aphis fabae)* zapfen die Siebteile der Leitbündel an, um an organische Stoffe zu gelangen. Zucker können sie im Überschuss erhalten, Eiweiße und andere Stoffe dagegen sind viel rarer. Damit sie auch davon genügend bekommen, müssen sie große Mengen Pflanzensaft aufnehmen. Den Überschuss an Wasser und Zucker geben sie als Honigtau wieder ab. An diesem laben sich Ameisen.

## Universelle Transportröhren

Im Holzteil der Sprossachsen können nicht nur Wasser und darin gelöste Nährsalze transportiert werden, auch Farbstoffe, Insektizide, Pestizide und zahlreiche Schadstoffe finden über dieses System den Weg in die ganze Pflanze. Orchideen (Foto: Schmetterlingsorchidee, *Phalaenopsis*-Sorte), Tulpen oder Chrysanthemen lassen sich so mit Lebensmittelfarbe einfärben. Die sogenannten systemischen Mittel unter den Pflanzenschutzmitteln werden mit dem Gießwasser von den Wurzeln der Pflanzen aufgenommen und können sich dann gut verteilen.

## UNTER DRUCK

Aus frischen Schnittflächen an Stämmen und Zweigen kann vom Winterende bis zum Blattaustrieb mehrere Tage lang Flüssigkeit heraustropfen – sie «bluten» aus dem verletzten Holz. Dieses Phänomen lässt sich nur zum Teil auf den Wurzeldruck zurückführen. Viel wichtiger ist, dass bei den noch laublosen Bäumen große Mengen an gespeicherter Stärke als Zucker für den bevorstehenden Laubaustrieb mobilisiert werden. Der Zucker verlagert sich aus der Rinde in die Röhren des Holzes. Dies hat einen starken Wassereinstrom zur Folge. Da zu diesem Zeitpunkt noch keine Transpiration stattfindet, steigt der Druck in den Holzgefäßen.

Auch wenn es dramatisch aussieht, die Bäume können nicht «verbluten», da das Wasser laufend ergänzt wird. Besonders auffällig ist der Saftfluss bei Birke *(Betula)*, Ahorn *(Acer)*, Weinrebe *(Vitis vinifera)*, Echter Walnuss *(Juglans regia)* und Robinie *(Robinia)* – sie können über eine Verletzung über 1 l Flüssigkeit pro Tag abgeben. Der Blutungssaft von Zucker-Ahorn *(Acer saccharum)* enthält rund 2,5 Prozent Saccharose, der von Birken («Birkenwasser») 1 Prozent Fructose. Anfangs ist er wässrig klar. Der Zucker bietet jedoch einen Nährboden für Bakterien und andere Mikroorganismen. So kann auf blutenden Schnittflächen rasch eine schleimige Masse entstehen.

Von Mikroorganismen besiedelter Blutungssaft einer Birke

### GARTEN-TIPP

Wer Gehölze schneiden möchte, die zum Bluten neigen, kann dies durchaus zu Frühjahrsbeginn tun. Der Saftfluss wirkt sich nicht negativ auf die Funktionen des Baumes aus. Im Gegenteil: Er gehört zu den Abwehrmechanismen des Gehölzes und erschwert es Krankheitserregern, durch die offene Wunde einzudringen. Wen das Tröpfeln jedoch stört, sollte warten, bis sich die Blätter entwickelt haben. Dann fließt kein Tropfen Saft mehr aus der Wunde und das wachsende Gehölz kann zu diesem Zeitpunkt Verletzungen besonders gut verschließen.

# LANG GEWACHSEN – KURZ GEBLIEBEN

Die Internodien sind für das Streckungswachstum der Sprossachse verantwortlich. Ihre Länge erlaubt Rückschlüsse auf die Funktion des jeweiligen Sprosses. Strecken sich die Internodien in die Länge, entsteht ein **Langtrieb**. Bei ihm stehen die Blätter mit einem deutlichen Abstand voneinander. Nachdem sein Wachstum in der Regel nicht begrenzt ist, sorgt er dafür, dass die Pflanze größer wird. Wachsen die Internodien nur wenig und meist nur kurze Zeit in die Länge, bleiben sie gestaucht und es bildet sich ein **Kurztrieb**. An ihm sitzen die Blätter oder Seitentriebe büschlig oder rosettig. Apfelbäume *(Malus)* und Kirschen *(Prunus)* entwickeln nicht nur Blätter, sondern auch ihre Blüten und Früchte an Kurztrieben. Bei Lärchen *(Larix)* und Kiefern *(Pinus)* sitzen die Nadeln im ersten Jahr an Langtrieben, ab dem zweiten Jahr dagegen in Bündeln auf Kurztrieben. Bei Rosettenpflanzen wie Wegerich *(Plantago)* oder Gänseblümchen *(Bellis perennis)* bleibt das Streckungswachstum zwischen den Laubblättern ganz aus. Bei vielen zweijährigen Pflanzen wie Gewöhnliche Nachtkerze *(Oenothera biennis)*, Roter Fingerhut *(Digitalis purpurea)* oder Gewöhnlicher Natternkopf *(Echium vulgare)* entwickelt sich im ersten Jahr eine Blattrosette. Erst im zweiten Jahr strecken sich die Internodien und reckt sich ein Stängel mit Blättern und Blüten in die Höhe. Auch die Hauswurz-Arten *(Sempervivum)* recken sich erst bei der Entwicklung des Blütenstandes in die Länge.

Kurztriebe der Süß-Kirsche *(Prunus avium)*

Kurztriebe der Japanischen Lärche *(Larix kaempferi)*

## DICK GEWORDEN

Bei einer dicken Sprossachse denkt man sofort an dicke Baumstämme. Mächtige Bäume haben über Jahre oder Jahrzehnte hinweg mit ihrem sekundären Dickenwachstum Jahresring um Jahresring im Holz zugelegt. Die ältesten – untersten – Stammbereiche sind damit am dicksten. Die jüngsten in der Krone des Baumes hatten wesentlich weniger Jahre zum Wachsen. Die Rinde der Bäume bleibt im Vergleich zum Holz in der Regel wesentlich dünner, aber auch sie bildet jedes Jahr von innen heraus neue Schichten.

Je nachdem, ob beim Dickenwachstum von Stämmen die in der Rinde neu angelegten Korkkambien geschlossene Zylinder bilden oder sich muschel- oder schuppenförmig überlappen, sieht die Borke – und damit das Gesicht des Baumes – anders aus.

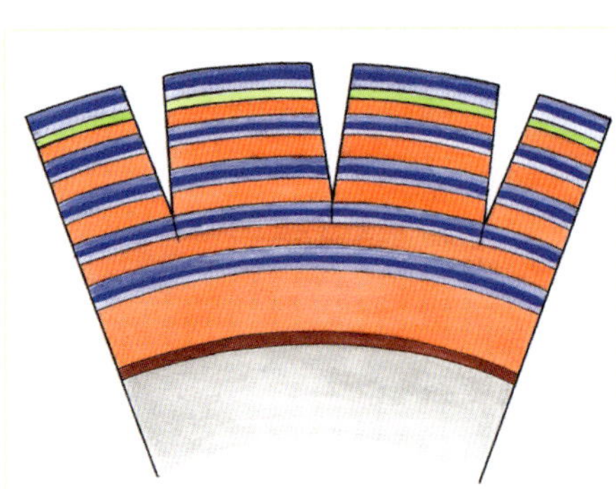

Gewöhnlicher Flieder *(Syringa vulgaris)*: Streifenborke

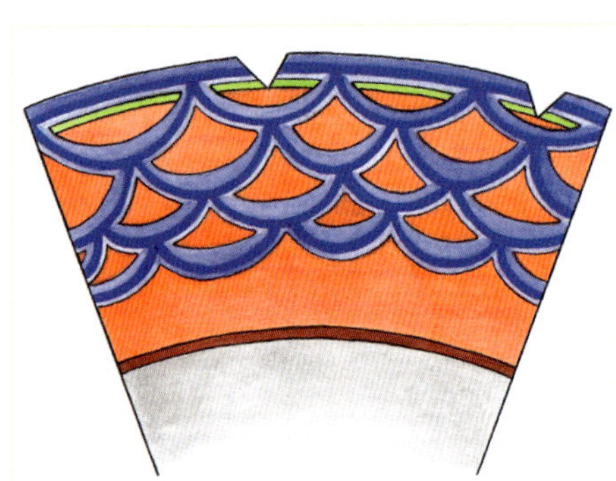

Wald-Kiefer *(Pinus sylvestris)*: Schuppenborke

Es gibt aber auch Pflanzen, die mit einem primären Dickenwachstum einen erstaunlichen Umfang erreichen. Bei Palmen entsteht aus dem Apikalmeristem eine tellerförmige Scheitelgruppe, die über 30 cm Durchmesser aufweisen kann. Sie legt den Durchmesser für die ganze Länge des Palmenstamms fest, der deshalb von unten bis oben gleich dick ist.

Auch Kakteen (Cactaceae) und manche Wolfsmilchgewächse (Euphorbiaceae) zeigen ein massives primäres Dickenwachstum. Bei ihnen legt besonders die Rinde an Volumen zu. Sie speichert große Mengen Wasser und passt die Gewächse somit ideal an ihre Trockenstandorte an (**Stammsukkulenz**).

## BEKLEIDETE PALMEN

Bei der häufig in warmen Gärten stehenden Chinesischen Hanfpalme *(Trachycarpus fortunei)* ist der eigentliche Stamm meist vollständig von den fasrigen Blattbasen abgestorbener Blätter bedeckt. Er wirkt deshalb viel dicker, als die eigentliche Sprossachse ist.

## KAKTUSBLÄTTER

Was bei Feigenkakteen *(Opuntia)* auf den ersten Blick wie grüne «Blätter» aussieht, sind flächig verbreiterte Langtriebe. Sie übernehmen die Fotosynthese des Kaktus vollständig, denn seine Blätter sind zu wehrhaften Dornen umgebildet.

Sprossknolle von Topinambur

Bei den **Sprossknollen** von Kohlrabi (*Brassica oleracea* var. *gongylodes*), Kartoffel (*Solanum tuberosum*) und Topinambur (*Helianthus tuberosus*) ist dagegen das Mark zu einem umfangreichen Speichergewebe entwickelt. Ihre mehr oder weniger rundlichen Knollen entstehen aus umgebildeten Sprossen, indem sich ein oder mehrere Internodien verdicken. Die zweijährigen Pflanzen der Kohlrabi bilden ihre Knollen im ersten Jahr an der Basis des Hauptsprosses, um Nährstoffe für das zweite Jahr zu speichern und damit zu überwintern. Kartoffel und Topinambur dagegen bilden die Knollen an unterirdischen Ausläufern, um sich zu vermehren. Die Speicherstoffe dienen hier dazu – ähnlich wie Keimblätter oder Nährgewebe in Samen –, den aus der Knolle wachsenden Sprössling in seiner ersten Zeit zu ernähren. Die **Hypokotylknollen** von Alpenveilchen (*Cyclamen*), Radieschen (*Raphanus sativus* var. *sativus*) und Roter Bete (*Beta vulgaris* subsp. *vulgaris*) entstehen aus dem Sprossabschnitt zwischen Wurzel und Keimblättern, dem Hypokotyl.

Die Knollen der Roten Bete weisen ein besonderes Dickenwachstum auf, das für schöne Ringe sorgt.

## LANG, DÜNN UND BIEGSAM

Kletterpflanzen sparen sich das Baumaterial für stabile, von selbst stehende Sprossachsen und können dadurch ihre Blätter und Blüten mit besonders wenig Aufwand zum Licht bringen. Ihre Sprossachsen sind in der Regel so gebaut, dass sie Zug und Druck aushalten und sich extrem biegen lassen, ohne zu brechen. **Schlingpflanzen** bilden Sprossachsen mit langen Internodien und winden sich damit um ihre Stützen. Hopfen *(Humulus lupulus)* windet sich in einer Vegetationsperiode bis zu 10 m in die Höhe. Seine Sprosse tragen zusätzlich T-förmige Klimmhaare, damit sie nicht abrutschen.

Viele Kletterpflanzen halten sich als **Rankenkletterer** mit dünnen, fadenförmigen Gebilden aus umgewandelten Blättern oder Sprossen dauerhaft an der Kletterhilfe fest. Bei der Weinrebe *(Vitis vinifera)* und den

### GARTEN-TIPP

Wenn Sie eine Schlingpflanze für einen ersten Halt um ein Klettergerüst wickeln, ist es nicht egal, wie herum Sie dies tun: Jede Art hat ihre einprogrammierte Richtung. Falsch herum geleitet, dreht sich der Trieb wieder von der Unterlage weg. Von oben betrachtet drehen sich Linkswinder entgegen dem Uhrzeigersinn, also in Linksrichtung. Rechtswinder dagegen winden sich im Uhrzeigersinn, also nach rechts. Stangenbohne (*Phaseolus vulgaris*, links), Schwarzäugige Susanne *(Thunbergia alata)* und Winden *(Convolvulus)* gehören zu den Linkswindern, Hopfen (rechts) und Jelängerjelieber *(Lonicera caprifolium)* zu den Rechtswindern.

Jungfernreben *(Parthenocissus)* sind die Enden von Seitensprossen zu Sprossranken umgebildet. Sie stehen je gegenüber eines Blattes. Bei Passionsblumen *(Passiflora)* entspringen die Sprossranken aus den Blattachseln. Junge Ranken führen kreisende Suchbewegungen aus und krümmen sich ein, wenn sie auf einen geeigneten Halt treffen. Damit sie fest sitzen, umwickeln die Ranken die Stütze oder sie bilden Haftscheiben aus. Oft rollt sich die Ranke außerdem noch ein, sodass der Spross elastisch an der Unterlage federt. Kletterrosen *(Rosa)* und Brombeeren (*Rubus fruticosus* agg.) dagegen schwingen sich als **Spreizklimmer** in die Höhe. Ihre sparrigen, ziemlich steifen Sprosse (Klimmsprosse) verfangen sich an Stützen wie Astgabeln oder Gittern. Damit sie nicht zurückrutschen, haben sie Stacheln an den Sprossen. Im Garten muss man diese Arten an einem Klettergerüst meist zusätzlich festbinden. Dem Kletten-Labkraut *(Galium aparine)* geben hakig gebogene Haare einen Halt.

Die Dreilappige Jungfernrebe *(Parthenocissus tricuspidata)* bildet Haftscheiben aus, mit denen sie sich als **Selbstklimmer** sehr gut auch an glatten Flächen festhalten kann. Forschende haben herausgefunden, dass ihr Klebstoff so stark ist, dass eine einzige Haftscheibe bis zu 600 g tragen kann. Im Gegensatz zu Haftwurzeln (siehe S. 31) entziehen die Haftscheiben dem Untergrund keine Stoffe, schaden einer intakten Fassade also nicht. Die im Sommer dicht beblätterte Pflanze hält die Hauswand in der heißen Jahreszeit schön kühl. Während sich ungeschützte Wände auf bis zu 60 °C aufheizen können, erreicht eine begrünte Fassade nur rund 30 °C. Die «grüne Wand» hält außerdem Hagelschlag und Starkregen von der Bausubstanz fern.

Brombeerspross mit Stacheln

## GARTEN-TIPP

Wenn Sie eine Dreilappige Jungfernrebe zurückschneiden, verbleiben oft Haftplättchen an der Wand oder Farb- und Putzteile an den abgerissenen Haftscheiben. Jahressprosse sollten Sie deshalb früh – noch im Sommer – stutzen. Ältere Sprosse trennen Sie durch und warten, bis die Ranken vollständig ausgetrocknet sind. Nun können Sie sie je nach Untergrund mit einem Hochdruckreiniger, einer Bürste oder Stahlbürste abschrubben – mühsam sind alle Methoden. Etwas leichter kann es gehen, wenn Sie die Haftscheiben vorher mit warmem Wasser oder Essigsäure einweichen.

## WEHRHAFT

Bei manchen Gehölzen entwickeln sich Kurztriebe zu Sprossdornen. Solche festen, spitzen Gebilde schützen Schlehe *(Prunus spinosa)*, Weißdorn *(Crataegus)* und Gleditschie *(Gleditsia)* wirkungsvoll vor Tierfraß. Auch die Stacheln an den Klimmsprossen der Brombeeren (*Rubus fruticosus* agg.) und Rosen *(Rosa)* wehren Fressfeinde ab.
Nach Verletzungen durch Sprossdornen bleiben häufig Pflanzenreste in der Wunde und können sich entzünden. Dies hängt damit zusammen, dass an ihnen häufig abblätternde Rinde oder kleine Knospenreste vorhanden sind. Wunden durch Blattdornen oder Stacheln sind in der Regel weniger verschmutzt.

Andere Pflanzen setzen sich mit eigenen Strategien zur Wehr: Brennnesseln *(Urtica)* halten mit Brennhaaren unliebsame Besucher fern. Wolfsmilch *(Euphorbia)*, Mohn *(Papaver)*, Schöllkraut *(Chelidonium majus)*, Löwenzahn *(Taraxacum)* und Lattich *(Lactuca)* enthalten in weit verzweigten Milchröhren bitteren, oft giftigen Milchsaft, der bereits bei leichter Verletzung austritt.

Sprossdornen einer Gleditschie

Stacheln an Stacheldraht-Rose (*Rosa omeiensis* var. *pteracantha*)

Schöllkraut mit gelbem Milchsaft

Brennhaare der Großen Brennnessel *(Urtica dioica)*

## DORNEN ODER STACHELN?

Dornen entstehen als spitze Pflanzenteile aus umgewandelten Pflanzenorganen, sind also umgewandelte Sprossachsen, Blätter, Nebenblätter oder Wurzeln. Oft zeigen sie Übergänge zum ursprünglichen Pflanzenorgan und sitzen an entsprechenden Stellen der Pflanze. Stets sind sie von Leitbündeln durchzogen.
Bei Stacheln handelt es sich dagegen um zugespitzte Auswüchse der äußeren Pflanzenschichten. Sie können an unterschiedlichsten Stellen der Pflanze sitzen, enthalten keine Leitbündel und lassen sich leicht abbrechen oder abstreifen.
Damit gibt es – entgegen dem landläufigen Sprachgebrauch – keine Rosen mit Dornen und keine Kakteen mit Stacheln.

# WÜRDIGE VERTRETUNG

Bei reduzierten oder fehlenden Blättern übernimmt die Sprossachse die Fotosynthese. Außer bei Kakteen und manchen Wolfsmilch-Arten geschieht dies zum Beispiel auch bei Mäusedorn *(Ruscus aculeatus)* und Spargel *(Asparagus officinalis)*. Diese beiden bilden sogenannte **Scheinblätter** (Phyllokladien). Dabei handelt es sich um grüne, flächig verbreiterte Kurztriebe (Seitensprosse), die im Wachstum begrenzt sind und stark an Blätter erinnern.

Der Mäusedorn zeigt besonders deutlich, dass es sich um Scheinblätter und nicht um echte Blätter handelt: Blüten und später die Früchte sitzen direkt auf den flachen Kurztrieben.

Bei Spargel sind die Laubblätter zu kleinen Schuppen reduziert. Stattdessen entstehen in den Achseln der Stängel und Verzweigungen kurze blattähnliche grüne Sprossachsen.

Mäusedorn

## SPROSSVERÄNDERUNGEN, KRANKHEITEN UND SCHÄDLINGE AN SPROSSEN

| BETROFFENE PFANZEN | MERKMALE | URSACHE | MASSNAHMEN |
|---|---|---|---|
|  Weiden (Abb.: Drachen-Weide *Salix udensis* 'Sekka'), Löwenzahn *(Taraxacum)*, Wolfsmilch *(Euphorbia)*, Gewöhnlicher Natternkopf *(Echium vulgare)* und viele andere | Bandartig abgeflachte und verbreiterte Sprossachsen, die in der Regel mit einer besonders großen Zahl an Blättern besetzt sind. | **Verbänderung** Zellen an den Sprossspitzen teilen sich bevorzugt in zwei Richtungen. Meist spontan auftretende, dauerhafte Veränderung des Erbguts (Mutation). Gelegentlich auch durch Bakterien, Pilze, Viren, ionisierende Strahlung oder Herbizide ausgelöst. | Kuriosum. Keine Maßnahmen erforderlich. Führt oft zu gärtnerisch interessantem Wuchs. |
|  Fast alle Gartenpflanzen, besonders häufig an Rosen *(Rosa)*, Schwarzem Holunder *(Sambucus nigra)*, Pflaume *(Prunus domestica)*, Kopfsalat *(Lactuca sativa)*, Malvengewächsen (Malvaceae) | Grüne, braune, schwarze, rötliche oder orangefarbene flügellose oder geflügelte, meist 1–2 mm große Insekten, meist dicht gedrängt in großer Zahl, auch an den Blättern und Blütenknospen. Kolonien oft von Ameisen besucht. | **Blattläuse** Verschiedene Arten, zum Teil auf eine oder wenige Pflanzengattungen spezialisiert, zum Teil weit verbreitet wie etwa die Schwarze Bohnenlaus *(Aphis fabae)*. Ernähren sich von Pflanzensaft. | Bei geringem Befall manuell oder mit Wasserstrahl entfernen. Sonst mehrmals mit Brennnesselsud oder Seifenlösung einsprühen, nach 2–3 Stunden abspülen. Natürliche Feinde wie Marienkäfer fördern. Nur im Notfall auf synthetische Mittel zurückgreifen. |
|  Platanen (*Platanus*, Foto), Ahorn *(Acer)*, Eichen *(Quercus)*, Buchen *(Fagus)*, Eschen *(Fraxinus)*, Äpfel *(Malus)* und viele andere | Oft umfangreiche Wucherungen oder beulenförmige Geschwüre an Stämmen oder Zweigen. An jungen Verdickungen beim Apfelbaum zum Teil mit Blattläusen, die mit Wachsflocken bedeckt sind. | **Baumkrebs** Verschiedene Erreger, in erster Linie Bakterien wie *Agrobacterium tumefaciens* und Pilze wie *Neonectria ditissima* (Erreger des Obstbaumkrebses). An Apfel auch Apfel-Blutlaus *(Eriosoma lanigerum)*. | Zweige und Äste bis in das gesunde Holz zurückschneiden, eventuell Wunde mit Wundverschlussmittel behandeln. Vorbeugend Frostrisse in Stämmen durch Kalkanstrich vermeiden. |
|  Steinobst: Kirschen (*Prunus dulcis, Prunus cerasus*, Foto), Pflaume, Aprikose *(Prunus armeniaca)*, Pfirsich *(Prunus persica)*, Mandelbäumchen *(Prunus triloba)* | Blüten werden braun, Triebspitzen mit den Blättern welken, Zweige sterben von der Spitze her ab. | **Spitzendürre** oder **Triebsterben** Schlauchpilz *Monilinia laxa*. Die aus den langlebigen Sporen keimenden Hyphen dringen durch geöffnete Blüten ein und gelangen in die Leitungsbahnen. Der Wasserfluss wird unterbrochen. | Triebe mindestens 20 cm weit in den gesunden Bereich abschneiden. Bei feuchter Witterung zur Blütezeit eventuell synthetische Pilzmittel verwenden. Vorbeugend: regelmäßig auslichten, Staunässe und kalten Standort vermeiden. Wenig anfällige Sorten pflanzen. |

| BETROFFENE PFANZEN | MERKMALE | URSACHE | MASSNAHMEN |
|---|---|---|---|
| <br>Verschiedene Laubbäume, besonders Steinobst (Kirschen, Foto), Pflaume, Aprikose, Pfirsich, Mandelbäumchen), Efeu *(Hedera)* | Anfangs farblose bis bernsteinfarbene, später dunkle, gummiartige Masse an Stämmen und Zweigen. Zweige und Äste sterben oft nach einiger Zeit ab. | **Gummifluss**<br>Stressreaktion des Baumes.<br>Zellen und Gewebekomplexe werden zu einem Gemisch verflüssigt, das hauptsächlich aus Mehrfachzuckern und Pflanzensäuren besteht.<br>Auslöser: Frost, Trockenheit, Verletzungen, Bakterien, Pilze, parasitische Insekten. | Zurückschneiden der kranken Zweige und Äste. Vorbeugend: Verletzungen und frostige Lagen vermeiden. |
| <br>Wacholder-Arten mit Schuppenblättern, zum Beispiel Sadebaum *(Juniperus sabina*, Foto) Chinesischer Wacholder *(Juniperus chinensis)*, Virginischer Wacholder *(Juniperus virginiana)* | Zweige spindelförmig angeschwollen, im Februar/März bei Nässe mit orangebraunen konischen, gallertigen Lappen. | **Wacholder-Blasenrost**<br>Schlauchpilz *Gymnosporangium sabinae*.<br>Der Pilz überdauert in den Zweigen und bildet jedes Jahr lappige Sporenlager. Dort entstehen Sporen, die nur auf den Blättern von Birnen *(Pyrus)* auskeimen können und dort zu Birnengitterrost führen. | Erkrankte Triebe herausschneiden und vernichten, nicht auf den Kompost geben. Bei starkem Befall das Gehölz roden. |
| <br>Wildrosen *(Rosa)*, gelegentlich auch an Zuchtsorten | Struppige, bis über 5 cm große, feste Klumpen an den Zweigspitzen mit zahlreichen fädigen, meist verzweigten Auswüchsen. Gallenkörper mit zahlreichen Kammern. | **Schlafapfel, Rosengalle**<br>Schlafapfel-Gallwespe *(Diplolepis rosae)*.<br>Die Larven entwickeln sich im Innern der Galle. Die Wespe schlüpft im folgenden Jahr zwischen Mai und Juli. | Für die Biodiversität schützenswert. Verursacht kaum Schaden.<br>Wenn es sehr stört, kann man die Gallen ablesen oder die betroffenen Triebe zurückschneiden. |
| <br>Salbei *(Salvia)*, Lichtnelken *(Silene)*, Nelken *(Dianthus)*, Dahlien *(Dahlia)*, Witwenblumen *(Knautia)*, Weiden *(Salix)* und viele andere | Kuckucksspeichel: schaumige Massen an Stängeln oder jungen Zweigen. | **Schaumzikaden**<br>Die Larven zapfen Siebteile der Leitbündel an und stellen einen stabilen Schaum aus Wasser, Schleimen und Eiweißen her. Dieser reguliert Feuchtigkeit und Temperatur und schützt vor Feinden. | Kaum schädlich.<br>Wenn optisch störend, den Schaum mit starkem Wasserstrahl abspülen. |

Dreilappige Jungfernrebe *(Parthenocissus tricuspidata)*

ORGANE DER PFLANZE

# BLÄTTER

Das Grün von Blättern sowie ihre mannigfaltigen Formen sind aus unserer Landschaft und den Gärten nicht wegzudenken. Bei näherer Betrachtung offenbaren sie sich als Meisterwerke der Natur.

# DER GRUNDBAUPLAN

Blätter können ungemein vielgestaltig sein – seien es winzige Schuppenblätter oder lange Palmwedel, grüne Nadeln, gezackte oder gelappte Blätter oder Schwimmblätter. Mit ihrer Formenfülle tragen sie wesentlich zum Charakter und Überleben einer Pflanze bei.

Ein typisches Laubblatt gliedert sich in eine flächige, dünne **Blattspreite**, einen **Blattstiel** und einen oft verbreiterten **Blattgrund**, mit dem das Blatt an der Sprossachse sitzt. Am Blattgrund können zwei **Nebenblätter** ansitzen. Bei Tulpen *(Tulipa)*, Zwiebeln *(Allium)* und Gräsern kann der Blattgrund die Sprossachse ganz umfassen und wird so zu einer röhrenförmigen **Blattscheide**.

Ein Blatt mit einer flächigen Blattspreite wird als **einfaches Blatt** bezeichnet. Die Spreite selbst kann mehr oder weniger tief gelappt oder eingeschnitten sein, nicht jedoch bis zum Mittelnerv oder bis zum Ansatz des Blattstieles. Der Blattrand kann glatt sein oder beispielsweise Stacheln, Zähne oder Kerben aufweisen.

Über ein ausgeklügeltes Leitbündelsystem ist das Blatt mit der Sprossachse verbunden. Es verzweigt sich auf oft sehr typische Weise in der Blattspreite und ist dort als **Blattnerven** oder **Blattadern** zu erkennen.
Bei den meisten Blättern von Zweikeimblättrigen ist ein kräftiger **Mittelnerv** vorhanden, der die Spreite längs durchzieht. Von ihm zweigen **Seitennerven** ab, die nochmals feiner verästelt sind und ein Adernetz bilden. Bei Einkeimblättrigen wie Gräsern, Schwertlilien *(Iris)*, Maiglöckchen *(Convallaria majalis)*, Tulpen *(Tulipa)*, aber auch bei den zu den Zweikeimblättrigen zählenden Wegerichen *(Plantago)* gibt es mehrere vom **Spreitengrund** ausgehende, gleich starke Hauptnerven. Während die Leitbündel bei Farnen und Nadelgehölzen blind in den Blättern enden, bilden sie bei den meisten bedecktsamigen Pflanzen ein geschlossenes Maschenwerk.

Der Blattstiel erscheint im Querschnitt meist rund. Er kann jedoch auch oberseits gefurcht, abgeflacht oder seitlich zusammengedrückt sein. Er dient in erster Linie dazu, die Blattspreite in eine optimale Lage zum einfallenden Licht zu positionieren. Wenn der Blattstiel fehlt, geht der Blattgrund unmittelbar in die Spreite über. Das Blatt wird nun als sitzend bezeichnet.

Bei einem **zusammengesetzten Blatt** ist die Blattfläche in mehrere Teilflächen aufgeteilt. Der Blattstiel setzt sich in die **Blattspindel** (Rhachis) fort. An dieser sitzen beiderseits **Fiederblättchen**. Befindet sich auch am Ende ein Fiederblättchen, so ist das Blatt **unpaarig gefiedert**. Fehlt das Endblättchen, handelt es sich um ein **paarig gefiedertes** Blatt. Die Fiederblättchen können sich noch weiter gliedern, sodass doppelt oder mehrfach gefiederte Blätter entstehen. Bei Kletterpflanzen können sie sich auch zu **Ranken** umbilden. Bei dreizähligen oder gefingerten Blättern sitzen mehrere Blättchen direkt am Ende des Blattstiels.

Wasserknöterich *(Persicaria amphibia)*: einfache Blätter

Rot-Klee *(Trifolium pratense)*: dreizählige Blätter

## LEBENSDAUER

Im Gegensatz zu Sprossachsen und Wurzeln wachsen Blätter nur für eine begrenzte Zeit. Ausgewachsen sind sie «reif» und vollumfänglich für die jeweilige Funktion bereit. Während Farnwedel langsam wachsen, schließen die Blätter der meisten Samenpflanzen ihr Wachstum rasch ab. Grundsätzlich leben Blätter nur für eine begrenzte Zeit. Bei krautigen Pflanzen erreichen sie meist nicht einmal ein Alter von einem Jahr. Bei laubwerfenden Bäumen werden sie nur für eine Saison ausgebildet. Fallen sie ab, hinterlassen sie typische Muster an der Sprossachse, die **Blattnarben**.

Als **immergrün** bezeichnete Gehölze können mit demselben Blatt mehrere Jahre lang Fotosynthese betreiben – aber auch nicht immerwährend. So leben die Blätter der Stechpalme *(Ilex aquifolium)* und des Olivenbaums *(Olea europaea)* mindestens zwei Jahre, bevor sie abfallen. Blätter von Lorbeer *(Laurus nobilis)* werden bis zu sechs, Nadeln der Gewöhnlichen Fichte *(Picea abies)* sieben oder acht Jahre alt.

# DIE GRUNDFUNKTIONEN

## TÖRCHEN MIT TÜRSTEHERN

Laubblätter sind die Hauptorte für die Fotosynthese und Transpiration. Ein Blick hinter die Kulissen der grünen Flächen offenbart faszinierende Prozesse und Zusammenhänge.
Die äußere Hautschicht, die **Epidermis** der Blätter, scheidet nach außen eine unlösliche Membran ab, die mit Wachsen imprägniert und bedeckt ist. Diese **Kuticula** (lat. cutis = Haut) ist für Wasser und Gase weitgehend undurchlässig und verhindert, dass Wasser direkt aus den Zellschichten des Blattes verdunstet.
Die Epidermis ist jedoch nicht lückenlos, sondern weist mikroskopisch kleine Öffnungen, die **Spaltöffnungen** (Stomata), auf. Dabei handelt es sich nicht einfach um Löcher in der Haut, sondern um Spalten, die sich je nach Bedarf mittels zweier spezialisierter Zellen, den **Schließzellen**, aktiv öffnen und schließen lassen – vergleichbar mit Fahrstuhltüren. Dabei nutzen sie zum Beispiel den Druck (Turgor) in den Schließzellen, um deren Form und damit die Spaltenweite zu regulieren. Viel Wasser in den Zellen lässt sie anschwellen: Der Spalt öffnet sich wie zwischen zwei an den Enden zusammengebundenen prallen Würsten. Schrumpfen die Zellen, schließt sich der Spalt. Unterhalb der Spaltöffnung befindet sich eine **luftgefüllte Höhle**. Sie stellt eine direkte Verbindung zwischen dem Zellennetz im Inneren des Blattes und der Umgebung her. Dort kann ein Austausch von Gasen stattfinden: Die Pflanze nimmt Kohlendioxid aus der Luft auf, das sie für die Fotosynthese benötigt, und gibt gleichzeitig Sauerstoff als Endprodukt der Fotosynthese ab.

Bei den meisten Blättern befinden sich alle oder die Mehrzahl der Spaltöffnungen auf der Blattunterseite. So scheint ihnen die Sonne nicht direkt in die Öffnungen, die Verdunstung lässt sich besser regulieren. Für Wasserpflanzen mit Schwimmblättern geht diese Strategie jedoch nicht auf. Sie besitzen deshalb ihre Spaltöffnungen ausschließlich auf der Blattoberseite – für sie kein Problem, denn Wasser ist ja genug vorhanden.

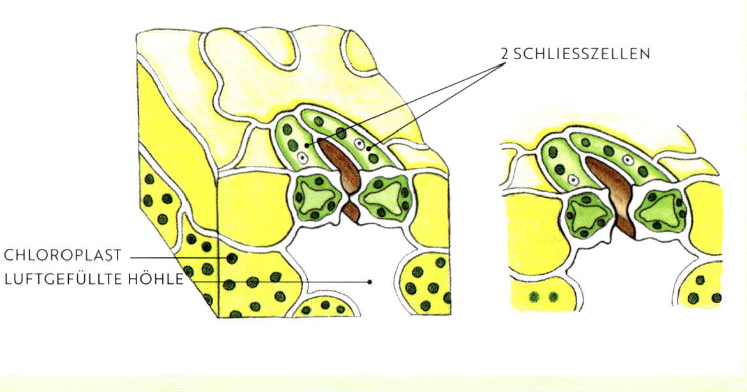


Spaltöffnungen im Querschnitt
links: geschlossen, rechts: geöffnet

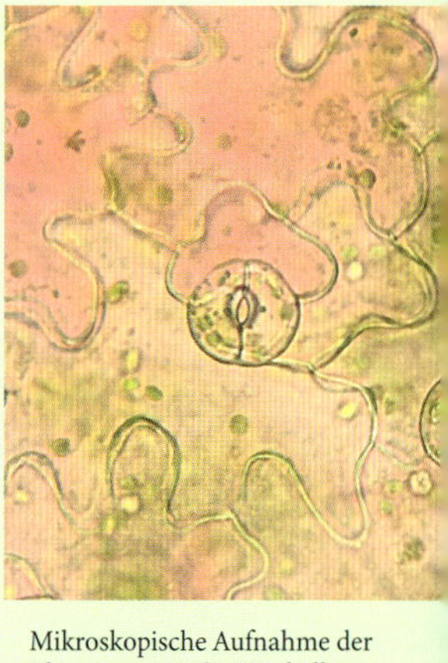

Mikroskopische Aufnahme der Blattunterseite des Zimbelkrauts *(Cymbalaria muralis)* mit zwei Spaltöffnungen

# BLÄTTER ALS SONNENKOLLEKTOREN

Bei der **Fotosynthese** wandeln grüne Pflanzen wie bei einer Solarzelle Sonnenenergie in eine andere Energieform um. Während die Solarzelle Strom liefert oder Wasser erwärmt, bilden die Pflanzen mithilfe des Lichts aus den energiearmen Stoffen Wasser und Kohlendioxid energiereiche Glukose (Traubenzucker) und Sauerstoff. Das Wasser erhalten Pflanzen über ihre Wurzeln, das Kohlendioxid über die Luft, die sie umgibt.
Den Zucker benötigen Pflanzen als Energiegrundlage für ihre eigene Ernährung und als Baustoff zum Wachsen. Wenn sie den Zucker nicht an Ort und Stelle verbrauchen, wandeln ihn die meisten Pflanzen in wasserunlösliche Stärke um, die sie gut speichern können. Der Sauerstoff ist ein Abfallprodukt der Fotosynthese, den die Pflanze zusammen mit Wasserdampf an die Umwelt abgibt – und der somit auch uns für die Atmung zur Verfügung steht.

Der Stoffwechselweg der Fotosynthese findet in kleinen Fabriken in Pflanzenzellen statt, den **Chloroplasten**. Eine einzelne grüne Pflanzenzelle enthält meist etwa 10–50 dieser rundlichen Fabriken. In ihnen sind Farbstoffe eingelagert, die Licht bestimmter Wellenlängen aufnehmen. Die wichtigsten Farbstoffe sind die Chlorophylle – auch als Blattgrün bezeichnet. Trifft die Energie des Sonnenlichts auf das Blatt, wird Chlorophyll in einen energiereichen Zustand versetzt und die chemischen Umwandlungsreaktionen beginnen wie in einem Kraftwerk abzulaufen.

Blätter erscheinen für uns grün, weil Chlorophylle grünes Licht reflektieren. Sie nehmen nur rotes und blaues Licht auf. Grün ist der Bereich, in dem die Sonnenstrahlung am stärksten ist. Es erscheint deshalb auf den ersten Blick unlogisch, dass die Pflanze diesen Bereich nicht für ihre Energiegewinnung nutzt. Forschende vermuten, dass sich die Pflanzen damit vor zu starken Strahlungsschwankungen bei unterschiedlichem Wetter schützen: Zu wenig Licht hemmt die Fotosynthese, zu viel starkes Licht schädigt jedoch die Blattbestandteile.

# GERÜST UND TRANSPORTWEG

Die größeren Blattnerven treten oft auf der Blattunterseite als Blattrippen hervor. Sie versteifen damit die Blattspreite ähnlich wie die Streben eines Zeltes, damit diese stabil ausgebreitet bleibt. Jedoch ist dies nicht ihre wichtigste Aufgabe.
In den Blattnerven verlaufen die Leitbündel, die die Blattzellen mit Wasser und Nährsalzen versorgen und die Fotosyntheseprodukte und andere organische Stoffe abtransportieren.

Gewöhnlicher Rhabarber *(Rheum rhabarbarum)*: Blattunterseite mit deutlichen Blattrippen

## ATMUNG

Pflanzen gelten zwar allgemein als Sauerstoffproduzenten, doch sie verbrauchen auch Sauerstoff. Tag und Nacht findet ein Prozess statt, der umgekehrt wie die Fotosynthese läuft: die sogenannte **Zellatmung**. Mit ihr gewinnen die Pflanzen aus Glukose Energie. Dabei verwandeln die Zellen einen Teil des Zuckers mithilfe von Sauerstoff wieder zu Kohlendioxid und Wasser. Diese werden über die Spaltöffnungen an die Umgebung abgegeben. Über den Tag gesehen produziert die Pflanze jedoch mehr Sauerstoff, als sie verbraucht, und nimmt mehr Kohlendioxid auf, als sie abgibt.

### SAUER AM MORGEN

Kakteen (Cactaceae), Hauswurz *(Sempervivum)*, Fetthenne *(Sedum)* und andere sukkulente Pflanzen wenden eine besondere Form der Fotosynthese an: Die Aufnahme von Kohlendioxid und die Abgabe von Sauerstoff verläuft bei ihnen zeitlich versetzt. Nachts öffnen sie ihre Spaltöffnungen, nehmen Kohlendioxid aus der Luft auf und speichern es als Äpfelsäure. Tags halten sie die Spaltöffnungen geschlossen, um möglichst wenig Wasser zu verdunsten. Für die Fotosynthese verwenden sie nun einfach das Kohlendioxid, das sie aus der Äpfelsäure wieder freisetzen. Wenn Sie Tripmadam (Felsen-Fetthenne, *Sedum reflexum*, Foto) als Salatbeigabe aus dem Garten ernten, können Sie am eigenen Gaumen testen, dass die Blätter nachts und morgens saurer schmecken – wie Apfelessig – als nachmittags und abends.

## STRATEGISCHE MASSNAHMEN

Um die Fotosynthese auf Hochtouren laufen zu lassen, ist es günstig, möglichst viel Blattfläche optimal zur Sonne auszurichten. Hierin unterscheiden sich Blätter nicht von Fotovoltaik-Anlagen. Doch die Blätter bezahlen ideale Bedingungen für Fotosynthese mit einer erhöhten Wasserabgabe: Gleich gebaute besonnte Blätter verdunsten ein Vielfaches von solchen im Schatten.
Für die Pflanze heißt es deshalb, in Bau und Funktion den für sie passenden Kompromiss zu finden. Dabei geht es nicht um den Standort – den sie als festsitzendes Gewächs ja nicht mehr wechseln kann –, sondern um jedes einzelne Blatt.

## BLATTSTELLUNG

Blätter können unterschiedlich an der Sprossachse angeordnet sein. Sie folgen dabei jedoch Gesetzmäßigkeiten, sodass bei Pflanzen der gleichen Art oder Verwandtschaft die Blätter immer gleich an der Sprossachse ansitzen. Für denjenigen, der Pflanzen bestimmen möchte, sind diese Blattanordnungen wichtige Merkmale, die es zu beachten gilt.

**gegenständig**
An einem Knoten der Sprossachse entspringen zwei Blätter.

Pfeffer-Minze (*Mentha* x *piperita*)

**quirlständig, wirtelig**
An einem Knoten der Sprossachse entspringen mehr als zwei Blätter.

Busch-Windröschen *(Anemone nemorosa)*

**wechselständig**
An jedem Knoten der Sprossachse entspringt nur ein Blatt.

Artischocke *(Cynara scolymus)*

**Scheinquirle**
Labkräuter *(Galium)* haben gegenständige Blätter. Weil ihre Nebenblätter jedoch häufig gleich geformt sind wie die Hauptblätter, wirkt die Blattstellung wirtelig.

Waldmeister *(Galium odoratum)*

Kreuzblättrige Wolfsmilch *(Euphorbia lathyris)*: kreuzgegenständig

Gewöhnliche Nachtkerze *(Oenothera biennis)*: wechselständig, Blattrosette am Grund

Walzen-Wolfsmilch *(Euphorbia myrsinitis)*: wechselständig, spiralig gestellt

## ÄSTHETEN UND MATHEMATIKER?

Pflanzen entwickeln sich so sehr strukturiert, dass der Blattansatz aufeinanderfolgender Blätter jeweils um einen ganz bestimmten Winkel um die Sprossachse verschoben ist. Das führt dazu, dass die Blätter gleichmäßig ringsherum verteilt sind. Verschiedene Faktoren führen dazu, dass sich für unsere Augen wunderschöne Muster entwickeln.

Bei gegenständigen Blättern steht das folgende Blattpaar meistens senkrecht zum ersten, die Anordnung der Blätter wird kreuzgegenständig. Wenn wechselständige Blätter in einem Winkel von 180° zueinander stehen, ergibt sich eine zweizeilige Blattstellung. Liegt der Winkel weder bei 90° noch bei 180°, stehen die Blätter schraubig oder spiralig. Eine Rosette entsteht, wenn der Spross in dem Abschnitt, an dem die Blätter entspringen, stark gestaucht ist. Dann entspringen alle Blätter in einem strahlenförmigen Kranz fast auf gleicher Höhe. Bei vielen Pflanzen bilden die Blätter nahe am Boden eine Grundrosette. Es gibt jedoch auch Arten wie die Türkenbund-Lilie *(Lilium martagon)*, bei denen Rosetten in Zwischenbereichen entstehen. Solche Scheinwirtel sehen dann oft wie echte Wirtel aus und entpuppen sich nur bei genauer Untersuchung als Etagen aus wechselständigen Blättern.

Lauch *(Allium porrum)*: wechselständig, zweizeilig gestellt

## RINGELREIHEN UND PARADEN

Unabhängig davon, wie die Blätter an der Sprossachse ansitzen, orientiert sich jedes einzelne Blatt optimal im Raum. Das führt dazu, dass an gleichmäßig besonnten Standorten die Blätter an den senkrechten Stängeln einer Staude ringsherum gleich ausgerichtet sind. Kommt das Licht jedoch nur von einer Seite – etwa bei einseitiger Besonnung, bei Seitenzweigen eines Baumes oder bei Kletterpflanzen an der Hauswand –, drehen sich die Blätter wie Solarpanels in eine optimale Richtung.

Eine ideale Ausrichtung bedeutet nicht immer, dass möglichst viel Sonne auf die Blätter fällt. Um Überhitzen oder Austrocknen zu verhindern, stellen sich manche Blätter auch senkrecht zur Sonneneinstrahlung. Einige Pflanzen können sich sogar im Tagesverlauf auf wechselnde Belichtung einstellen: Sauerklee *(Oxalis)*, Robinie *(Robinia)*, Mimose *(Mimosa)* und einige andere Pflanzen haben dazu Gelenke an den Stielen der Blättchen. Diese reagieren rasch, indem sie den Druck des Zellinhalts (Turgor) in den Zellen von verdickten Blattpolstern ändern.

### GARTEN-TIPP

Eine Grünfläche mit Bäumen hat einen zwei- bis viermal höheren Kühleffekt als eine Rasenfläche ohne Bäume. Durch das Wasser, das ein Baum verdunstet, kann seine Umgebung um bis zu 3 °C abkühlen. Statt eines Sonnenschirms sollte also eher ein Baum die Terrasse beschatten.

Der Kompass-Lattich *(Lactuca serriola)* orientiert die Blätter senkrecht und in Nord-Süd-Richtung.

Der Sauerklee klappt seine Blättchen in der Sonne nach unten. Nachts und im Schatten stehen sie waagerecht.

Eine beblätterte Pflanze beeinflusst immer auch ihre Umgebung. Unter einer Gewöhnlichen Rosskastanie *(Aesculus hippocastanum)* herrscht im Sommer tiefer Schatten und ein kühleres Klima als in der prallen Sonne. Auch Sträucher, Stauden und selbst jede einjährige Pflanze beschatten ihre nähere Umgebung. Sie ändern so nicht nur das Mikroklima, das dort herrscht, sondern rauben auch ihren Konkurrenten das Licht.

# ZEIGT HER EURE BLÄTTER

Blätter sind sehr variabel und zeigen bei jeder Pflanzenart typische Formen, sowohl in der Ausformung der Stiele und Nebenblätter als auch der Spreite und deren Ränder. Ihr Bau liefert nicht nur wichtige Merkmale zum Bestimmen der Gewächse, sondern hängt oft mit bestimmten Funktionen und Eigenschaften zusammen, die für die Pflanze an ihrem Wuchsort wichtig sind.

## FORMENVIELFALT

### Von Bohrern und wehenden Fahnen

Schlanke, linealische oder drehrunde Blätter, wie sie Narzissen *(Narcissus)*, Hyazinthen *(Hyacinthus)*, Schneeglöckchen *(Galanthus)*, Märzenbecher *(Leucojum)* und andere Zwiebelpflanzen sowie Gräser besitzen, können wie Bohrer wirken. Sie erleichtern es den Gewächsen, mit den heranwachsenden Blättern den Boden oder eine Laubschicht zu durchstoßen. Flache Blätter wie die des Maiglöckchens *(Convallaria majalis)* sind dazu am Anfang zusammengerollt oder eingefaltet.

Maiglöckchen

Zusammengesetzte Blätter bieten dem Wind oder heftigen Niederschlägen weniger Widerstand als große, einfache Blattflächen. Deshalb sieht man einer Gewöhnlichen Robinie *(Robinia pseudoacacia)* nach einem Hagelschauer kaum etwas an, während die Blätter des Blauglockenbaums *(Paulownia tomentosa)* oder von Funkien *(Hosta)* von den Eiskörnern zerrupft und durchlöchert werden. Auch die Blattspreiten der Zierbanane *(Ensete ventricosum)* zerfetzen im Wind. Bei ihnen ist das sogar von Vorteil, denn so brechen die bis zu drei Meter langen Blätter nicht ab. In Streifen zerrissen bieten sie Regen und Wind viel weniger Widerstand und können trotzdem Fotosynthese betreiben. Die ähnlich großen Palmblätter überlassen ihre Schlitze nicht dem Zufall: In der Knospe ist ihre große, zusammenhängende Blattspreite ziehharmonikaartig gefaltet. Sie teilt sich später entlang der Faltkanten in einzelne Fiedern oder wie bei der Chinesischen Hanfpalme *(Trachycarpus fortunei)* in Fächerabschnitte.

### Eingerollt und eingepackt

Pflanzen sonniger, trockener Standorte wie Rosmarin *(Rosmarinus officinalis)* oder Besenheide *(Calluna vulgaris)* bilden oft schlanke, kleine Blätter, bei denen der Rand manchmal zusätzlich nach unten eingerollt ist. Damit schützen sie die Spaltöffnungen auf der Blattunterseite vor zu starker Verdunstung. Auch in die Oberfläche eingesenkte Spaltöffnungen oder darüber ausgebreitete Haare schaffen luftstille Räume, die Feuchtigkeit weniger rasch verlieren – ähnlich wie Wäsche im geschlossenen Keller langsamer trocknet als auf dem windigen Balkon. Zusätzlich reflektieren weiße, luftgefüllte Haare, wie jene von Königskerzen *(Verbascum)* und Woll-Ziest *(Stachys byzantina)*, das Sonnenlicht. So heizen sich die Blätter weniger auf.

Rosmarin

## HAARSAMMLER

Pflanzen mit weichen Haaren wie der Woll-Ziest locken die Große Wollbiene *(Anthidium manicatum)* in den Garten. Das Weibchen der solitären Wildbienenart erntet die Haare und formt sie zu Wollkugeln. Diese transportiert es zu seinem Nistplatz in einer Mauerspalte oder einem Erdloch, packt sie dort zu einem großen Haufen und legt darin 3–16 Brutkammern an.

## EINE AURA AUS ÖLEN

Viele Gewürzkräuter wie Rosmarin, Lavendel *(Lavandula)* und Thymian *(Thymus)* enthalten ätherische Öle. Mit diesen in speziellen Drüsen gebildeten Stoffgemischen locken die Pflanzen bestäubende Insekten an oder wehren Schädlinge und Krankheiten ab. Die meisten dieser Gewürze stammen aus dem Mittelmeerraum oder anderen trockenen, sonnigen Regionen. Dort bieten die leicht flüchtigen Stoffe noch einen weiteren Vorteil: Wenn sie entweichen, bilden sie eine Schutzwolke rund um die Gewächse. Sie sättigen dabei den Luftraum so stark, dass die Pflanzen kaum noch Wasser verdunsten.

(Bild: Echter Thymian, *Thymus vulgaris*)

Zaun-Wicke *(Vicia sepium)*

Nebenblattdornen der Gewöhnlichen Robinie *(Robinia pseudoacacia)*

## Gut verankert

Pflanzen mit dünnen Sprossachsen halten sich oft an Nachbarn oder an einer Stütze fest. Viele Rankenkletterer (siehe S. 156) benutzen dazu Blattranken. Bei Arten mit gefiederten Blättern sind oft die Endfieder und ein Teil der Seitenfiedern als Ranke ausgebildet. So entsprechen bei Wicken *(Vicia)* und Erbsen *(Pisum)* die Ranken dem Mittelnerv der Blättchen – deren Blattfläche hat sich nicht entwickelt. Es ist aber auch möglich, dass der Blattstiel oder die Blattspindel als Ranke dienen. Viele Waldreben *(Clematis)* klammern sich auf diese Weise fest.

Gurke *(Cucumis sativus)*, Kürbis *(Cucurbita)* und Zaunrübe *(Bryonia)* dagegen bilden ungeteilte Blätter zu Blattranken um. Bei ihnen hat sich die gesamte Blattfläche bis auf eine oder mehrere Blattrippen reduziert.

## Gut bewehrt

Auch spitze Dornen oder Stacheln können verhindern, dass Pflanzen am Untergrund abrutschen. Viel häufiger wehren sie damit jedoch Tiere ab. Um größere Pflanzenfresser aufzuhalten, haben Robinien *(Robinia)* und viele Akazien *(Acacia)* ihre Nebenblätter zu kräftigen Dornen umgebildet. Die Dornen von Berberitzen *(Berberis)* und Kakteen gehen aus ganzen, umgewandelten Laubblättern hervor. Kratzdisteln *(Cirsium)*, Ringdisteln

Die Stechpalme *(Ilex aquifolium)* bildet besonders im unteren, für Säugetiere zugängigen Bereich Blätter mit kräftigen Stacheln.

Bei der Spinnweb-Hauswurz *(Sempervivum arachnoides)* vernetzen Haare die Rosettenblätter miteinander.

*(Carduus)*, Mariendistel *(Silybum marianum)* und Mannstreu *(Eryngium)* bilden dagegen nur Stacheln am Blattrand und auf der Blattfläche. Brennnesseln *(Urtica)* verteidigen sich mit den bekannten Brennhaaren.
Kleineres Getier stört sich eher an borstigen Haaren wie jenen von Borretsch *(Borago officinalis)* und anderen Raublattgewächsen (Boraginaceae), an einem dichten Haarfilz oder einer dicken Kuticula mit sich ablösenden Wachsschuppen.

## Blattspeicher

Die auf trockenen, steinigen Böden lebenden Hauswurze *(Sempervivum)* und Fetthennen *(Sedum)* speichern Wasser in großen Zellen der Blätter. Diese werden dadurch besonders dick und saftig (**Blattsukkulenz**).
Es gibt aber auch Bleichgesichter unter den Blattspeichern – und diese sind besonders zahlreich. Hierher gehören alle Stauden, die Zwiebeln ausbilden. Bei den unterirdisch oder bodennah wachsenden Zwiebeln haben sich Blattscheiden zu Speicherorganen verdickt – den Zwiebelschuppen oder Zwiebelhäuten. Sie sitzen an einer stark gestauchten Sprossachse, die einen flachen, scheibenförmigen Zwiebelkuchen bildet. Die Schuppen oder Häute liegen dicht aneinander und schützen die Knospe, die in der nächsten Vegetationsperiode Laubblätter und einen Schaft mit einem Blütenstand bilden kann.

## Spezialisten

Bei Pflanzen, die an spezielle Lebensbedingungen angepasst sind oder außergewöhnliche Lebensräume besiedeln, übernehmen Blätter manchmal ganz besondere Aufgaben. Fleischfressende Pflanzen haben sich mit ihren Blättern raffiniert an nährstoffarme Standorte angepasst. Sonnentau *(Drosera)* fängt mit klebrigen Blattdrüsen kleine Insekten, bei Kannenpflanze *(Nepenthes)* und Schlauchpflanze *(Sarracenia)* gleiten Insekten in die Fallen von kannen- oder tütenförmigen Schlauchblättern. Bei der Wilden Karde *(Dipsacus fullonum)* und der Durchwachsenen Silphie *(Silphium perfoliatum)* sind die Blattbasen gegenständiger Blätter miteinander verwachsen und bilden so Tüten, in denen sich Wasser sammelt. Möglicherweise dienen sie als Wasserspeicher für Trockenzeiten. Sie können aber auch einen ähnlichen Schutz darstellen wie früher die Burggräben: Flügellose Insekten und andere kleine Tiere können nicht zu den Blüten hinaufklettern und diese fressen oder beschädigen.

Knollen-Fenchel (*Foeniculum vulgare* subsp. *vulgare* var. *azoricum*) bildet eine Zwiebel.

Rundblättriger Sonnentau *(Drosera rotundifolia)*

## DURCH DICK UND DÜNN

Pflanzen, die auf feuchtem Boden oder an luftfeuchten Standorten wachsen, können es sich leisten, für eine optimale Fotosynthese riesige, dünne, meist unbehaarte Blattflächen auszubreiten und viele Spaltöffnungen zu besitzen. Bei Laubbäumen zeigt sich häufig, dass stark besonnte Blätter kleiner, dicker und fester sind als solche im Schatten. Sonnenblätter wirken oft auch dunkler grün als solche im Schatten. Dies hängt damit zusammen, dass sie mehr Zellschichten übereinander haben oder mehr Chloroplasten in den Zellen. So können sie bei vergleichsweise kleiner Blattfläche viel Fotosynthese betreiben.

Dank der Kuticula, die die Epidermiszellen bedeckt, verdunsten Blätter nur wenig Wasser über ihre Oberfläche. Bei Sukkulenten sind die Spaltöffnungen zudem tief in die von einer besonders dicken Kutikula bedeckte Epidermis eingesenkt. Allgemein gilt: Je dicker die Kuticula und ihre Wachsschicht, desto weniger Wasser geht verloren. Sonnenblätter tragen deshalb oft eine dickere Haut als Schattenblätter. Besonders kräftige Auflagen besitzen die Blätter immergrüner Laubgehölze wie Efeu *(Hedera helix)* und Buchsbaum *(Buxus sempervirens)* sowie die Nadeln immergrüner Nadelgehölze wie Tannen *(Abies)*, Fichten *(Picea)* und Kiefern *(Pinus)*. Untersuchungen haben gezeigt, dass Pflanzen trockener Standorte dank der Kuticula ihre Verdunstung auf weniger als 0,01 Prozent dessen senken können, was von einer entsprechenden freien Wasserfläche verdunsten würde.

Eine dicke Kutikula kann auch kleine Tiere davon abhalten, in das Gewebe zu beißen oder zu stechen. Bei manchen Pflanzen, besonders Kakteen und anderen Sukkulenten, bildet das Wachs einen abwischbaren, pudrigen Belag, der weiß oder bläulich schimmert. Er schützt die Pflanze besonders gut vor Sonne.

Wenn das Wachs auf der Oberfläche gefaltet ist oder auf vorgewölbten Zellen liegt, kann Regenwasser in Tropfen abperlen und dabei die Oberfläche von Schmutz oder Pilzsporen reinigen. Dieser berühmte «Lotoseffekt» lässt sich außer bei der Lotosblume *(Nelumbo nucifera)* zum Beispiel auch bei der Großen Kapuzinerkresse *(Tropaeolum majus)* und bei Gemüse-Kohl *(Brassica oleracea)* beobachten.

Große Kapuzinerkresse

An benetzbaren Blättern sorgen lang ausgezogene Blattspitzen dafür, dass Regenwasser rasch abfließt. So können sich keine Algen oder Moose darauf ansiedeln und das Blattwerk muss keine große Last tragen. Besonders häufig treten solche Träufelspitzen bei tropischen Gewächsen auf, die regelmäßig mit großen Mengen Regen klarkommen müssen. Doch auch bei uns gibt es an feuchten, schattigen Standorten heimische Arten mit Träufelspitzen, etwa Spitz-Ahorn *(Acer platanoides)* oder Kleinblütiges Springkraut *(Impatiens parviflora)*. Der Schwarze Holunder *(Sambucus nigra)* besitzt an den Fiederblättchen oft Träufelspitzen mit gekrümmtem Ende.

Wächst Zimbelkraut in Mauernischen, sitzen oft Guttationströpfchen wie aufgereihte Perlen an den Blatträndern.

## WIE PFLANZEN SCHWITZEN

Um einen Sog vom Blatt über die Sprossachse bis ganz hinunter in die Wurzeln zu erhalten, verdunsten Blätter Wasser. In diesem Flüssigkeitsstrom können Wasser und Nährsalze bis in die äußersten Spitzen der Pflanze gelangen (siehe S. 47).

Manchmal klappt es aber nicht so mit der Verdunstung: Wenn die relative Luftfeuchtigkeit sehr hoch und es zudem windstill ist – bei uns zum Beispiel nachts oder in einem tropischen Gewächshaus –, wird es selbst für kleine Gewächse schwierig, ausreichend Mineralstoffe aus den Wurzeln nach oben zu transportieren. Manche Pflanzen haben deshalb spezielle **Wasserspalten** (Hydathoden) entwickelt. Es handelt sich dabei um Gruppen kleiner Zellen, die flüssiges Wasser unabhängig vom umgebenden Klima abscheiden können. Dieser Vorgang wird als **Guttation** (lat. gutta = Tropfen) bezeichnet. Bei Gräsern sitzen die Wasserspalten an den Blattspitzen, bei Frauenmantel *(Alchemilla)*, Erdbeere *(Fragaria)* und Zimbelkraut *(Cymbalaria muralis)* an Zähnchen am Blattrand, bei Kapuzinerkresse *(Tropaeolum)* an den Enden großer Blattnerven.

Wenn nachts die Spaltöffnungen geschlossen sind, drückt der Wurzeldruck (siehe S. 48) Wasser aus **passiven** Wasserspalten – so hängen morgens kleine Wasserperlen an Grasspitzen. **Aktive** Wasserspalten wie jene von Kapuzinerkresse, Garten-Bohne *(Phaseolus vulgaris)* und Steinbrech *(Saxifraga)* scheiden unter Energieaufwand bei hoher Luftfeuchtigkeit auch tagsüber Wasser aus.

## NICHT ABLECKEN!

Bei der Flüssigkeit, die Pflanzen über Guttation ausscheiden, handelt es sich nicht um reines Wasser. In ihr können Mineralien, Zucker, aber auch wasserlösliche Pflanzenschutzmittel enthalten sein, die die Pflanze über die Wurzel aufgenommen hat. An Kalkfelsen angepasste Steinbrech-Arten, wie der Trauben-Steinbrech *(Saxifraga paniculata)*, scheiden aktiv mit dem Wasser überschüssigen Kalk aus, der sich als Kalkkrusten an den Blatträndern ablagert. Diese schaden der Pflanze nicht und brauchen nicht entfernt zu werden. Zahlreiche Salzpflanzen an den Meeresküsten haben spezielle Salzdrüsen, über die sie sich mittels Guttation von überschüssigem Salz befreien können.

## BUNTE BLÄTTER

Die meisten Blätter sind während der Vegetationszeit grün. Es gibt jedoch auch Ausnahmen. Gärtnerinnen und Gärtner schätzen solche bunten Ausreißer als schöne Gestaltungselemente. Besonders junge Blätter, die noch besonders empfindlich auf Sonnenlicht reagieren, enthalten rote Anthocyanfarbstoffe als Schutzpigmente. Meistens werden die Anthocyane wieder abgebaut, wenn das Blatt fertig ausgebildet ist. Besonders schön zeigen dies die mittlerweile häufig in den Gärten kultivierten Sorten der Glanzmispeln *(Photinia)*, die blutrot austreiben und später grün werden. Bei Blut-Buche (*Fagus sylvatica* 'Purpurea') und Blutformen von Ahorn-Arten *(Acer)* bleibt das Pigment auch in den ausgereiften Blättern erhalten und führt zusammen mit dem Grün des Chlorophylls zu einem braunroten Farbeindruck.

Blut-Buchen: links Neuaustrieb, rechts ausgereiftes Laub

Die Laubblätter von sommergrünen Bäumen und Sträuchern fallen im Herbst ab. Davor zerlegt die Pflanze wertvolle Inhaltsstoffe und transportiert die kleineren Bestandteile in die Zweige, Stämme oder Wurzeln. Besonders davon betroffen sind stickstoffhaltige Stoffe wie Eiweiße und Chlorophylle, denn der gebundene Stickstoff ist für die Pflanzen ein kostbares Nährelement (siehe S. 164). Die Veränderungen führen dazu, dass die Chloroplasten altern und ihre grüne Farbe verlieren. Zurückbleibende Farbstoffe aus den Gruppen der Carotinoiden und Xanthophyllen sorgen dann für die leuchtend gelben Herbstblätter von Feld-Ahorn *(Acer campestre)*, Birken *(Betula)* und vielen anderen Gehölzen. Für rote Herbstfärbung sind wiederum Anthocyane verantwortlich. Alle diese Farbstoffe enthalten keine für die Pflanze besonders kostbaren Elemente. Anthocyane müssen aber – mit Ausnahme der oben genannten Blutformen – im herbstlichen Blatt neu gebildet werden. Forschende gehen davon aus, dass dies passiert, um einen UV-Schutz für das Chlorophyll in bereits geschwächten Blättern aufzubauen. So kann die Pflanze vor dem Laubfall noch möglichst lange Fotosynthese betreiben.

### GARTEN-TIPP

Besonders farbenprächtig verfärben sich im Herbst Gehölze, die von der Ostküste Kanadas und den USA stammen, wie Amerikanischer Amberbaum (*Liquidambar styraciflua*, Foto) und Rot-Eiche *(Quercus rubra)*. Dort ist der Herbst besonders sonnenreich – ein intensiver Sonnenschutz damit sinnvoll. Im Garten sind solche Gehölze echte Hingucker und sorgen für ein bisschen «Indian Summer» auch bei uns.

## GEMUSTERT UND GEFLECKT

Die Mehrzahl aller Pflanzen hat mehr oder weniger gleichmäßig gefärbte Blätter. Es gibt jedoch auch Arten, bei denen diese gemustert sind. Zeigen sich bereits innerhalb eines Blattes verschiedenfarbige Zonen, so handelt es sich um **panaschierte Blätter** oder **Variegationen**.

Viele Gewächse mit panaschierten Blättern sind als Zierpflanzen beliebt, etwa Funkien *(Hosta)*, Begonien *(Begonia)* und Alpenveilchen *(Cyclamen)*. Bei manchen Pflanzen bilden die Blattflecken regelmäßige, oft symmetrische Muster und sind für die Art normal. Bei anderen taucht die Veränderung nur selten auf. Züchter und Züchterinnen lesen solche

Bei der Pelargonie 'Mrs. Pollock' (*Pelargonium zonale* 'Mrs. Pollock') ist das Blattmuster genetisch bedingt.

Die hellen Flecken der Aukube (*Aucuba japonica* 'Variegata') sind durch einen Virus hervorgerufen.

Kaukasusvergissmeinnicht 'Seaheart'

Formen aus und vermehren sie weiter. Sie tragen dann häufig die Sortenbezeichnung 'Variegata' oder 'Variegatum'.

In den meisten Fällen sind die verschiedenen Muster, Linien und Farbflecken genetisch bedingt. Manchmal sind aber auch Pflanzenviren daran schuld, dass eine Pflanze panaschierte Blätter ausbildet. Unschöne, unregelmäßige Flecken stufen Fachleute dann als Krankheit ein. Ein Virusbefall kann aber auch schöne infektiöse Panaschierungen auslösen, die Gärtnereien gerne weiterkultivieren.

Grünlich weiße bis gelbliche Flecken weisen meist darauf hin, dass im Blattgewebe wenig oder kein Chlorophyll vorhanden ist. Bei der Silberblättrigen Goldnessel *(Lamium argentatum)* und den verschiedenen silberblättrigen Formen des Kaukasusvergissmeinnicht *(Brunnera macrophylla)* hebt sich dagegen an den hellen Stellen die Epidermis vom darunter liegenden Blattgewebe ab. Es entsteht eine Luftschicht, die das Licht silbern reflektiert.

In farbigen Flecken sind Farbstoffe (blaue, violette oder rote Anthocyane, gelbe Xanthophylle oder orangefarbene Carotinoide) eingelagert.

Bei Alpenveilchen *(Cyclamen persicum, Cyclamen hederifolium)*, Echtem Lungenkraut *(Pulmonaria officinalis)* und Blatt-Begonien (*Begonia* x *rex*) kommen die unterschiedlichen Grünmuster durch lokale Variationen im Blattgewebe zustande – die Zellen im Blattinnern schließen unterschiedlich dicht aneinander und enthalten mehr oder weniger Chlorophyll und Carotinoide.

## GARTEN-TIPP

Die Fotosynthese ist in Sorten mit panaschierten Blättern reduziert, wenn die farbigen Stellen kein oder wenig Chlorophyll aufweisen. Solche Pflanzen wachsen deshalb langsamer und sind weniger vital als ihre vollgrünen Artgenossen. Bei Bäumen und Sträuchern sehen entsprechende Sorten nicht nur apart aus, sondern eignen sich auch für kleinere Gärten.

## DER VORTEIL DER GEFLECKTEN

Doch warum bilden gesunde Pflanzen solche Blattmuster? Bei manchen Pflanzen können sie für Beziehungen zu Bestäubern und Fressfeinden eine Rolle spielen. Eine Pfeilform, wie sie zum Beispiel auf den Blättern von Rot-Klee *(Trifolium pratense)* und manchen Sauerklee-Arten *(Oxalis)* auftritt, könnte dazu dienen, Bestäubern die Lage der Blüten zu zeigen.

Echtes Lungenkraut

Es ist aber auffällig, dass besonders solche Arten Blattmuster ausbilden, die im Unterholz von Wäldern wachsen. Dort begrenzt das Licht das Wachstum und die Vermehrung und schafft im Jahresverlauf unterschiedliche Verhältnisse. In unseren Laubwäldern sind die Pflanzen im Frühjahr direktem Sonnenlicht ausgesetzt, während später im Jahr tiefer Schatten überwiegt. Jedoch tanzen selbst unter einem voll entwickelten Blätterdach Sonnenflecken über den Waldboden. Im Herbst mit dem Laubfall nimmt die Lichtintensität wieder zu. Mit den gemusterten Blättern haben sich die Unterwuchspflanzen an solche wechselnden Lichtverhältnisse angepasst und nutzen das vorhandene Licht dank der verschiedenen Blattbereiche zu jeder Zeit optimal für die Fotosynthese.

Egal wie die Muster zusammenkommen, sie wirken sich sowohl auf die Lichtdurchlässigkeit des Blattes aus als auch auf dessen optische Eigenschaften. So reflektieren helle Bereiche einfallendes Licht stärker als dunkelgrüne Zonen. Hinzu kommt, dass bei manchen der Arten die Epidermis besonders im Frühjahr oder auf der Blattunterseite durch Anthocyane rot gefärbt ist. Dies könnte eine Konkurrenz durch andere Pflanzen ausschalten: Unter den kaum lichtdurchlässigen Blättern wird es ihnen zu dunkel.

## BLATTVERÄNDERUNGEN, KRANKHEITEN UND SCHÄDLINGE AN BLÄTTERN

| BETROFFENE PFANZEN | MERKMALE | URSACHE | MASSNAHMEN |
|---|---|---|---|
| <br>Bei vielen Pflanzen möglich. In Gärten besonders häufig und auffällig an Gundermann (*Glechoma hederacea*, Foto), Stadt-Nelkenwurz (*Geum urbanum*), März-Veilchen (*Viola odorata*), Weiden (*Salix*), Linden (*Tilia*), Gleditschie (*Gleditsia*), Hainbuchen (*Carpinus*) | Die Blätter zeigen pustel- oder stiftartige Erhebungen, umgerollte Ränder oder stark filzige Bereiche oder sind in ihrer Form vollständig verändert. | **Blattgallen**<br>Auf die jeweilige Pflanzengattung oder -art spezialisierte Gallmücken, Gallmilben, Gallwespen verursachen Wachstumsveränderungen. Die Larven entwickeln sich im Innern der Galle. | Für die Biodiversität schüt zenswert. Wen es jedoch sehr stört, kann befallene Blätter entfernen. Durch die Spezialisierung der Gallenerreger besteht keine Gefahr für Pflanzen anderer Gattungen. |
| <br>Fast alle Gartenpflanzen, besonders häufig an Rosen (*Rosa*), Holunder (*Sambucus*), Pflaume (*Prunus domestica*), Blattsalaten (*Lactuca, Cichorium*), Malven (*Malva*, Foto) | Gekräuselte oder eingekrümmte Blätter, klebrige Beläge auf darunterliegenden Blättern. Grüne, braune, schwarze, rötliche oder orangefarbene flügellose oder geflügelte, meist 1–2 mm große Insekten, meist dicht gedrängt in großer Zahl, auch an den Sprossachsen. Kolonien oft von Ameisen besucht. | **Blattläuse**<br>Verschiedene Arten, zum Teil auf eine oder wenige Pflanzengattungen spezialisiert, zum Teil weit verbreitet wie etwa die Schwarze Bohnenlaus (*Aphis fabae*). Ernähren sich von Pflanzensaft. | Bei geringem Befall manuell oder mit Wasserstrahl entfernen. Sonst mehrmals mit Brennnesselsud oder Seifenlösung einsprühen, nach 2–3 Stunden abspülen. Natürliche Feinde wie Marienkäfer fördern.<br>Nur im Notfall auf synthetische Mittel zurückgreifen. |
| <br>Viele Arten und Gattungen, häufig an Roter Heckenkirsche (*Lonicera xylosteum*, Foto), Akelei (*Aquilegia*), Großer Kapuzinerkresse (*Tropaeolum majus*), Chrysanthemen (*Chrysanthemum*), Tomate (*Solanum lycopersicum*), Gurke (*Cucumis sativus*), Erbsen (*Pisum*), Garten-Bohne (*Phaseolus vulgaris*), Lauch (*Allium porrum*), Küchen-Zwiebel (*Allium cepa*) | Geschlängelte helle Linien, die gegen ein Ende breiter werden oder flächige helle Flecken, oft mit dunklen Kotspuren und einer Larve am Gangende. Die Blätter trocknen aus und fallen oft vorzeitig ab. | **Blattminen**<br>Kleine, 2–3 mm große Minierfliegen stechen die Blätter an und legen mit einem Legebohrer Eier ins Blattgewebe. Die Larve frisst Blattgewebe. Die Epidermis bleibt auf beiden Seiten erhalten. Über die Einstichstellen können auch schädliche Bakterien und Pilze in die Pflanze eindringen oder die Fliegen können Viren übertragen. | Jede Fliegenart ist auf bestimmte Pflanzen spezialisiert, deshalb abwägen, ob sie bekämpft werden müssen.<br>Bei geringem Befall betroffene Blätter entfernen Mit dem Hausmüll entsorgen. In Gemüsekulturen engmaschige Kulturschutznetze verwenden. Biologische Bekämpfung mit Schlupfwespen. Neembaumpräparate können helfen. Achtung: Angebotene synthetische Mittel zur Bekämpfung sind auch für Bienen gefährlich. |

| BETROFFENE PFANZEN | MERKMALE | URSACHE | MASSNAHMEN |
|---|---|---|---|
|  Viele Arten und Gattungen. <u>Echter Mehltau</u> vor allem an Rosen *(Rosa)*, Astern *(Aster)*, Gurke *(Cucumis sativus)*, Tomate *(Solanum lycopersicum*, Foto), Stachelbeere *(Ribes uva-crispa)*, Weinrebe *(Vitis vinifera)*, Kultur-Apfel *(Malus domestica)*. <u>Falscher Mehltau</u> vor allem an Erbsen *(Pisum)*, Kopfsalat *(Lactuca sativa)*, Gemüse-Kohl *(Brassica oleracea)*, Küchen-Zwiebel, Weinrebe. | <u>Echter Mehltau:</u> Schönwetterpilz. Weißer, später bräunlicher, oberflächlicher Belag auf beiden Blattseiten. Oft zusätzlich kleine dunkle Kügelchen auf der Blattunterseite (Lupe!). <u>Falscher Mehltau:</u> Bei feuchter Witterung. Weißer oder gräulicher, Belag auf den Blattunterseiten, oberseits treten Aufhellungen und gelbliche Flecken auf. <br><br> Bei beiden: Stark befallene Blätter und Pflanzen werden gelb und braun und können absterben. | **Mehltau** <br> Verschiedene, zum Teil sehr wirtsspezifische Pilzarten. <u>Echte Mehltaupilze</u> gehören zu den Schlauchpilzen (Ascomycota). Sie wachsen auf der Oberfläche der Blätter und bilden winzige Fruchtkörper auf der Blattunterseite. <u>Falsche Mehltaupilze</u> gehören zu den Eipilzen (Oomycota). Sie wachsen zwischen dem Blattgewebe. Ihre Hyphen und Fortpflanzungsorgane dringen durch die Spaltöffnungen nach außen. | Befallene Blätter entfernen. <u>Echter Mehltau:</u> Mittel auf Schwefelbasis. Auch in Rohmilch enthaltene Mikroorganismen können helfen. Dazu die Milch im Abstand mehrerer Tage sprühen. <u>Falscher Mehltau:</u> Mittel auf Kupferbasis. Pflanzenbrühen, z. B. aus Ackerschachtelhalm oder Knoblauch. Sechzehnpunkt-Marienkäfer und Zweiundzwanzigpunkt-Marienkäfer fressen Mehltau. Mehltauresistente Sorten verwenden. Gegen beide Pilze gibt es verschiedene synthetische Mittel. |
|  Ausschließlich Rosen, besonders Strauchrosen. | Große schwarzbraune, unregelmäßig sternförmig ausgefranste oder gezackte Flecken auf der Oberseite der Blätter. Blätter vergilben und fallen verfrüht ab. Die Pflanze wird geschwächt. | **Sternrußtau, Schwarzfleckenkrankheit** <br> Verursacht durch *Diplocarpon rosae*, einen Schlauchpilz (Ascomycota), der besonders bei nasskaltem Wetter auftritt. | Vorbeugend: resistente Sorten. Gut durchlüftete Standorte wählen und Pflanzen vor Regen schützen. Beim Gießen nur unten bewässern. Befallene Blätter abschneiden und im Hausmüll entsorgen. Falllaub entfernen. Pflanzenstärkungsmittel: Schachtelhalmbrühe oder Brennnesseljauche. Speziell für Rosen zugelassene synthetische Mittel. |
|  Viele verschiedene Pflanzen, auffällig besonders an Gewöhnlichem Flieder *(Syringa vulgaris*, Foto), Kirschlorbeer *(Prunus laurocerasus)*, Rhododendren *(Rhododendron)* und Rosen. | Fraßspuren besonders an den Blatträndern, meist als auffällige Buchten ausgebildet. Meist kein Verursacher sichtbar. | **Rüsselkäfer** <br> Käfer mit rüsselartig ausgezogenem Kopf. Je nach Art wenige Millimeter bis zu 2 cm groß. An Flieder, Kirschlorbeer, Rhododendron und Rosen vor allem meist nachtaktive Dickmaulrüssler *(Otiorhynchus)*, diese 8–13 mm groß. | Präparate mit Neemöl. Holzbretter um die Pflanzen legen, die Käfer verstecken sich bei Tag unter diesen und lassen sich einsammeln. Biologische Bekämpfung mit parasitierenden Fadenwürmern (Nematoden). |

| BETROFFENE PFANZEN | MERKMALE | URSACHE | MASSNAHMEN |
|---|---|---|---|
|  Viele verschiedene Pflanzen, oft spezifisch auf einer Gattung. Schmetterlingsraupen häufig an Gemüse-Kohl, Tomate, Salaten und anderem Gemüse, Buchsbaum *(Buxus sempervirens)*, Kultur-Apfel, Pflaume *(Prunus domestica)*, Gewöhnlichem Pfaffenhütchen *(Euonymus europaeus)*. Blattwespenraupen häufig an Rosen, Weiden *(Salix)*, Weißwurz *(Polygonatum)*, Gilbweiderich *(Lysimachia)*. | Fraßspuren an Blatträndern und der Blattfläche, oft dunkle Kotkügelchen. Unterschiedlich gefärbte Raupen können an oder unter den Blättern sitzen. | **Schmetterlinge oder Blattwespen** Schmetterlingsraupen: Kopf mit deutlichen Mundwerkzeugen und unscheinbaren Punktaugen. Drei Paar gegliederte Brustbeine und bis zu vier Paar ungegliederte Bauchbeine. Blattwespenraupen: ähnlich, aber rundlicher Kopf mit zwei Punktaugen, sieben oder acht Paar ungegliederte Bauchbeine. | Vorbeugend: Schutznetze. Bei starkem Befall Raupen absammeln, abschütteln und auflesen oder mit Wasser abspritzen. Besonders Meisen sind wichtige Raupenvertilger. Nistkästen in die Bäume hängen, um diese zu fördern. Ansonsten an die Biodiversität denken und die Raupen belassen. |
|  Viele verschiedene Pflanzen, häufig an Liguster *(Ligustrum)*, Brandkraut (*Phlomis*, Foto), Sauerklee *(Oxalis)*, Kartoffel *(Solanum tuberosum)*, Tomate, Aukube *(Aucuba japonica)*. | Helle Flecken oder Muster, oft entlang der Blattnerven oder ringförmig oder mosaikartig auf der Fläche. | **Blattviren** Die Viren benutzen den Stoffwechsel des Wirts für die Vermehrung. Oft auf bestimmte Pflanzengattungen spezialisiert. Werden durch saugende Insekten oder mechanische Verletzung übertragen. | Es gibt keine Möglichkeit, Viren zu entfernen. Bei störendem Befall die Pflanze vernichten. Blattläuse als wichtige Überträger von Pflanzenviren dezimieren. |

ORGANE DER PFLANZE

# BLÜTEN

Blüten stehen bei den Samenpflanzen im Dienste der sexuellen Fortpflanzung. Sie können ungeheuer variabel ausgestaltet sein und erfreuen uns mit einer Vielfalt an Farben, Formen und Düften.

# DER GRUNDBAUPLAN

Egal, ob es sich um eine auffällige Rosenblüte handelt, die spektakuläre Blüte einer Orchidee oder um die kaum zu entdeckenden Blüten einer Spinatpflanze – die Grundelemente einer Blüte sind bei den bedecktsamigen Pflanzen dieselben, ihre Anzahl und Ausgestaltung dagegen variieren extrem oder sie können sogar ganz ausfallen.
Bei den verschiedenen Blütenteilen handelt es sich um besonders ausgebildete Blätter, die direkt oder indirekt im Dienst der sexuellen Fortpflanzung stehen. Die Blütenteile entwickeln sich am Ende eines kurzen Sprosses, der schließlich sein Wachstum einstellt. Diese **Blütenachse** ist meist stark gestaucht und bildet einen **Blütenboden**, auf dem alle Blütenteile fast in einer Ebene stehen. Wenig gestauchte Blütenachsen haben zum Beispiel Magnolie *(Magnolia)* und Tulpenbaum *(Liriodendron tulipifera)*. Bei ihnen stehen alle Blütenteile spiralig um die Achse. Bei den meisten höher entwickelten Pflanzen dagegen stehen gleiche Blütenorgane meist in Kreisen auf gleicher Höhe.

Von außen nach innen besitzt eine vollständige Blüte folgende Teile:
Die **Blütenhülle** besteht in der Regel aus zwei verschiedenen Blatttypen: den grünen **Kelchblättern** (Sepalen), die die übrigen Blütenteile im Knospenstadium einhüllen und den **Kelch** (Calyx) bilden, und den **Kronblättern** (Petalen), die meist farbig und auffällig gestaltet sind und zusammen die **Krone** (Corolla) bilden. Eine solche Blütenhülle wird als doppelte Blütenhülle (Perianth) bezeichnet.
Andere Pflanzen wie Tulpe *(Tulipa)* oder Hahnenfuß *(Ranunculus)* haben nur eine einfache Blütenhülle (Perigon), bei der alle Blätter mehr oder weniger gleich aussehen. Ihre Blütenblätter heißen dann Tepalen. Die Blätter von Kelch und Krone können jeweils frei oder miteinander verwachsen sein.

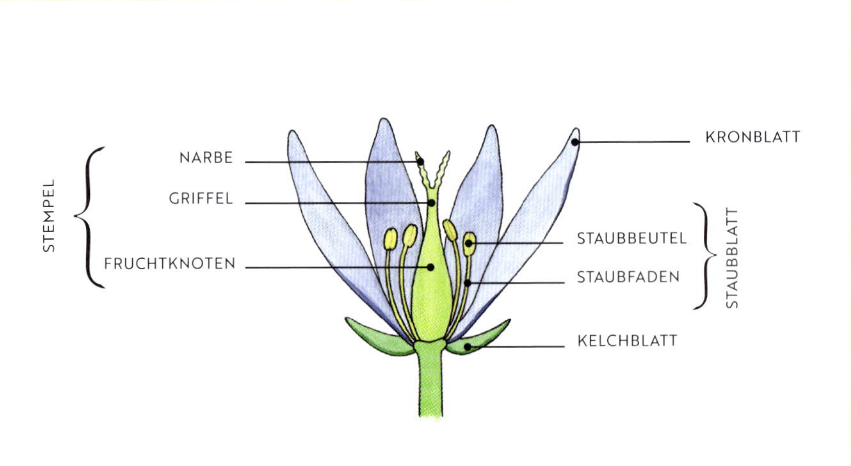

Kleinblütiges Weidenröschen *(Epilobium parviflorum)*: unterständiger Fruchtknoten

Gelbe Teichrose *(Nuphar lutea)*: oberständiger Fruchtknoten

Innerhalb der Blütenhülle folgen die **Staubblätter** (Stamina) – die männlichen Organe der Blüte. Sie bestehen meist aus einem sterilen **Staubfaden** (Filament) und einem **Staubbeutel** (Anthere). Dieser gliedert sich in zwei Hälften (Theken) mit je zwei Pollensäcken. In ihnen entwickelt sich der **Blütenstaub**, auch **Pollen** genannt, der aus vielen **Pollenkörnern** besteht. Im Zentrum der Blüte befinden sich das Fruchtblatt oder die **Fruchtblätter** (Karpelle) – die weiblichen Blütenorgane. Sie gliedern sich in den **Fruchtknoten** (Ovar), der eine oder viele **Samenanlagen** (Ovula) enthält, sowie eine **Narbe** (Stigma). Beide können über einen mehr oder weniger langen **Griffel** (Stylus) miteinander verbunden sein. Bei der Narbe handelt es sich um den für den Pollen empfängnisbereiten Bereich des Fruchtblattes.

Pflanzen wie Anemone *(Anemone)*, Trollblume *(Trollius)*, Kuhschelle *(Pulsatilla)*, Hahnenfuß *(Ranunculus)* und Nelkenwurz *(Geum)* besitzen viele einzelne, nicht miteinander verwachsene Fruchtblätter. Sie sitzen oft dicht gedrängt im Innern der Blüte, jedes einzelne mit einer eigenen Narbe. In vielen anderen Blüten sind die Fruchtblätter jedoch miteinander verwachsen. Bei ihnen wird die Gesamtheit **Stempel** (Pistill) genannt.

Bei Tulpen *(Tulipa)*, *Teichrosen (Nuphar)*, *Schopflilien (Eucomis)* und Storchschnäbeln *(Geranium)* kann man diesen Stempel sehr schön betrachten. Er steht vollständig oberhalb des Blütenbodens, eine Orientierung, die man als **oberständig** bezeichnet. Bei Narzisse *(Narcissus)*, Schwertlilie *(Iris)*, Nachtkerze *(Oenothera)*, *Weidenröschen (Epilobium)* und Gurke *(Cucumis sativus)* dagegen sieht man im Zentrum einer Blüte nur den oder die Griffel und die Narben. Den Fruchtknoten entdeckt man erst, wenn man die Blüte von unten anschaut. Dort zeichnet er sich als deutliche Verdickung ab. Er ist **unterständig**, das heißt, in den Blütenboden eingesenkt und mit diesem verwachsen.

# DIE GRUNDFUNKTIONEN

## BESTÄUBUNG UND BEFRUCHTUNG

Blüten stehen ganz im Dienst der sexuellen Fortpflanzung der Pflanzen – ein nicht ganz einfach zu verstehender Vorgang, der jedoch ebenso wie die sexuelle Fortpflanzung bei Mensch und Tier der genetischen Vielfalt dient.

Fast alle Zellen der Samenpflanzen weisen wie die des Menschen mindestens einen doppelten Chromosomensatz auf – sie sind diploid. In den Staubblättern und den Fruchtblättern findet eine Reduktionsteilung (Meiose) statt, bei der die beiden Chromosomensätze hälftig aufgeteilt werden und haploide Zellkerne entstehen.

Jedes in den Staubblättern gebildete Pollenkorn hat zwei haploide Zellen, von denen sich eine später in zwei **Spermazellen** teilt, sodass drei Zellen entstehen.

Jede im Fruchtknoten sitzende Samenanlage ist von einer Hülle umgeben. Diese schließt einen Embryosack mit anfangs acht haploiden Kernen ein. Drei der haploiden Kerne wandern zum einen Pol des Sacks und bilden dort eine Eizelle und zwei Begleitzellen. Drei weitere bilden am entgegengesetzten Pol des Embryosacks drei **Antipoden** genannte Zellen. Die beiden übrigen Kerne verschmelzen in der Mitte des Embryosacks zu einem **diploiden Embryosackkern**. Eine solche Samenanlage ist nun befruchtungsbereit.

Hierzu muss zuerst die Narbe **bestäubt** werden: Ein Pollenkorn derselben Art muss Kontakt mit der Narbe bekommen. Dort keimt das Pollenkorn mit einem **Pollenschlauch** aus. Dieser wächst mit den zwei Spermazellen in die Narbe, den Griffel hinunter und durch die **Mikropyle** – eine kleine Öffnung an der Spitze der Samenanlage – in diese hinein. Dort findet nun eine **doppelte Befruchtung** statt: Der Kern einer Spermazelle verschmilzt mit der Eizelle zur **befruchteten Eizelle**, die dadurch wieder diploid wird. Der Kern der zweiten Spermazelle vereint sich mit dem diploiden Embryosackkern, der nun einen dreifachen Chromosomensatz aufweist. Dieser triploide Kern wird nun Endospermkern genannt. Erst jetzt kann sich ein Same entwickeln.

Jedes Pollenkorn kann nur eine einzige Samenanlage befruchten. Um also viele Samen ausbilden zu können, muss entsprechend viel Pollen übertragen werden.

# UND DIE KONSEQUENZ?

Aus dem triploiden Endospermkern entsteht ein Nährgewebe für den Embryo im Samen, das sogenannte **sekundäre Endosperm**. Mit dem kompliziert anmutenden Vorgang der doppelten Befruchtung sorgt die Blütenpflanze dafür, dass sie diese Reservestoffe nur dann bereitstellt, wenn auch tatsächlich eine Befruchtung der Eizelle stattgefunden hat. Sie vergeudet also keine wertvollen Substanzen. Für uns heißt das allerdings, dass wir ohne Bestäubung **und** Befruchtung in der Regel keine Samen und damit auch keine Früchte ernten können, weder Erbsen noch Pflaumen oder Äpfel.

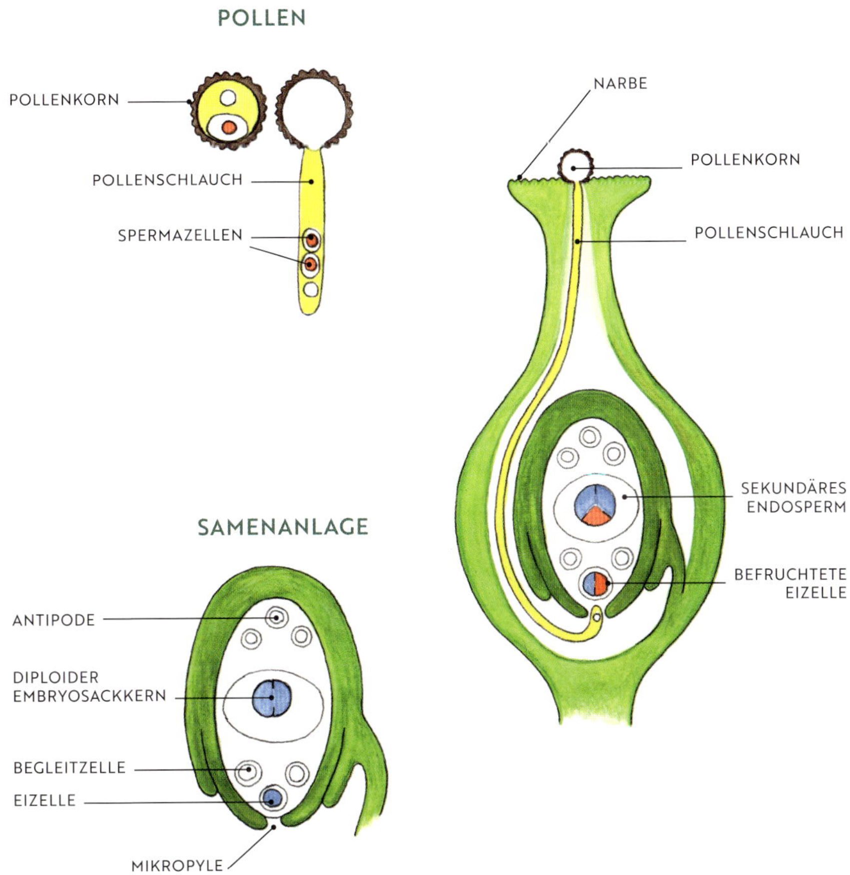

## LANGLEBIGE BLUMENSTRÄUSSE

In einem Blumenstrauß in der Vase halten Blüten manchmal länger, als wenn sie an der Pflanze im Freiland bleiben. Ihnen fehlen im Zimmer die Bestäuber. Die Blüten können damit so lange schön bleiben, wie es der individuellen Höchstlebensdauer entspricht. Oft setzen ihnen jedoch abfaulende Stängel oder Heizungswärme ein früheres Ende.

## UND BEI NACKTSAMIGEN PFLANZEN?

Blüten mit dem beschriebenen Aufbau gibt es nur bei den bedecktsamigen Pflanzen. Nadelgehölze und Ginkgo *(Ginkgo biloba)* haben getrenntgeschlechtliche Blüten. In den weiblichen Blüten sind die Samenanlagen nicht in Fruchtblätter eingeschlossen, die sie vor schädigenden Einflüssen wie Trockenheit, Insekten- und Vogelfraß schützen. Vielmehr liegen die Samenanlagen offen, sodass der Pollen direkt auf der Mikropyle der Samenanlage landet und nicht erst auf einer Narbe (Nacktsamer). Ein Bestäubungstropfen auf der Mikropyle fängt die Pollenkörner ein. Bei Ginkgo stehen die Samenanlagen ganz frei und erinnern auf den ersten Blick an kleine Fruchtknoten. Bei Kiefern *(Pinus)*, Tannen *(Abies)*, Fichten *(Picea)* und vielen anderen Nadelgehölzen liegen die Samenanlagen auf Samenschuppen, die in der Regel zu Blütenzapfen vereint sind. Außerdem fehlt allen Nacktsamern eine doppelte Befruchtung. Schon bevor die Eizelle befruchtet wird, bildet sich prophylaktisch ein sogenanntes **primäres Endosperm** als Nährgewebe.

Ginkgo: weibliche Blüten

Europäische Eibe *(Taxus baccata)*: weiblicher Blütenzapfen mit Bestäubungstropfen

Leberblümchen *(Hepatica nobilis)*: Blüten mit vielen Staubblättern und vielen freien, oberständigen Fruchtblättern

Zweifarbige Schopflilie *(Eucomis bicolor)*: Blüten mit sechs Staubblättern und aus drei Fruchtblättern verwachsenem, oberständigem Fruchtknoten

## VERTEILUNG DER GESCHLECHTER

Besitzt eine Blüte funktionsfähige männliche und weibliche Blütenorgane, so ist sie **zwittrig**. Es gibt jedoch auch Pflanzen mit eingeschlechtlichen Blüten, also solchen, die entweder nur funktionsfähige Staubblätter oder nur Fruchtblätter haben und damit **männlich** oder **weiblich** sind. Bei Blüten, die Staubblätter oder Narben in ihrer Blütenhülle verbergen, ist dies oft nicht auf den ersten Blick zu erkennen. Andere präsentieren ihr einziges Geschlecht deutlicher. So lassen sich bei allen Nadelgehölzen die männlichen und weiblichen Blüten sehr gut unterscheiden. Blütenpflanzen mit unterständigen Fruchtknoten verraten sich bei einem Blick auf den Blütenstiel: Fehlt bei Gurke *(Cucumis sativus)*, Kürbis *(Cucurbita)*, Zaunrübe *(Bryonia)* oder Begonie *(Begonia)* eine Verdickung unter der Blütenhülle, handelt es sich um eine männliche Blüte.

Oft sitzen männliche und weibliche Blüten auf einem Exemplar der Pflanze, diese ist damit **einhäusig** (monözisch). Kommen beide Blütentypen dagegen auf verschiedenen Individuen vor, so ist die Pflanze **zweihäusig** (diözisch). Dies trifft zum Beispiel für die Große Brennnessel *(Urtica dioica)*, die Rote Lichtnelke *(Silene dioica)*, die Stechpalme *(Ilex aquifolium)* und den Hopfen *(Humulus lupulus)* zu. Auch alle Weiden *(Salix)* und Pappeln *(Populus)* haben entweder männliche oder weibliche Blütenkätzchen.

Begonie, männliche Blüte mit vielen Staubblättern

Begonie, weibliche Blüte mit verschlungenen Narben und unterständigem Fruchtknoten

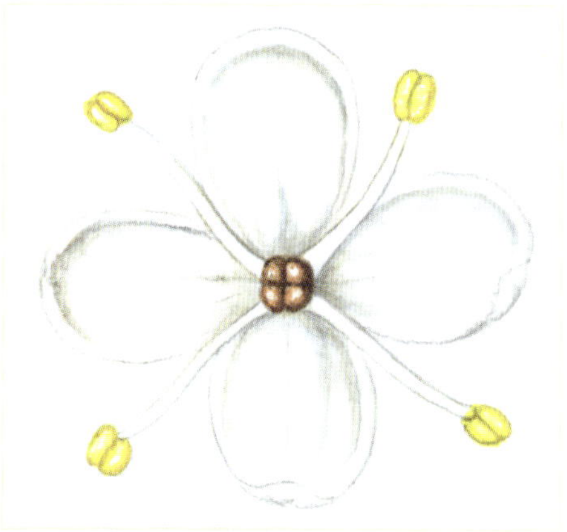

Stechpalme, männliche Blüte

Stechpalme, weibliche Blüte mit oberständigem Fruchtknoten

Bei den eingeschlechtlichen Blüten der Stechpalme sind die Organe des anderen Geschlechts noch als Rudimente vorhanden: In den weiblichen Blüten sitzen kleine Staubblätter, die keinen fertilen Pollen mehr bilden (Staminodien), in den männlichen Blüten kleine Fruchtknoten ohne Samenanlagen. Früchte können also nur die weiblichen Pflanzen entwickeln.
Bei manchen Pflanzenarten kann es sogar vorkommen, dass einzelne Individuen zwittrige Blüten haben, andere dagegen eingeschlechtliche. Bei Echtem Thymian *(Thymus vulgaris)* und Gundermann *(Glechoma hederacea)* fallen Pflanzen mit zwittrigen Blüten durch größere Blüten auf. Bei beiden enthalten die viel kleineren Blüten der weiblichen Pflanze keine funktionsfähigen Staubblätter.

## SEX MIT KURIEREN

Wenn es um Sex geht, scheinen Blütenpflanzen auf den ersten Blick benachteiligt: Sie haben zwar mit den Staubblättern männliche und mit den Fruchtblättern weibliche Geschlechtsorgane, sind jedoch festgewachsen und können damit im Gegensatz zu den meisten Tieren keinen Geschlechtspartner aktiv aufsuchen. Auch werden ihre Pollenkörner zwar aus den Staubblättern freigesetzt, aber diese können sich nicht aktiv bewegen, um eine Narbe aufzusuchen. Wie also gelangen sie dorthin, um schließlich die Eizellen zu befruchten? Die Lösung dieses Dilemmas ist ebenso einfach wie raffiniert: Sie lassen sich helfen – von Wind, Wasser und den unterschiedlichsten Tieren. Dabei verlassen sich nacktsamige Pflanzen ganz auf den Wind. Er gefährdet ihre nicht durch Fruchtblätter geschützten Samenanlagen weniger, als wenn sie diese empfindlichen Organe Tieren präsentieren würden. Die meisten bedecktsamigen Pflanzen dagegen haben sich im Rahmen von Koevolutionen an unterschiedlichste Bestäuber angepasst und besondere Blütentypen entwickelt.

### VOM WINDE VERWEHT – WINDBESTÄUBUNG

Viele vom Wind bestäubte Blütenpflanzen haben eingeschlechtliche Blüten. Zu den einhäusigen unter ihnen gehören heimische Bäume und Sträucher wie Eichen *(Quercus)*, Buchen *(Fagus)*, Hainbuchen *(Carpinus)*, Edelkastanie *(Castanea sativa)* und fast alle Nadelgehölze. Sanddorn *(Hippophae rhamnoides)*, Ginkgo *(Ginkgo biloba)* und Eiben *(Taxus)* dagegen sind zweihäusig. Laubwerfende Gehölze, die sich auf den Wind verlassen, öffnen ihre Blüten in der Regel vor dem neuen Laubaustrieb. Dann ist die Chance besonders groß, dass von den riesigen Pollenmengen in der Luft wenigstens einige

Riesige Mengen Pollen von Nadelgehölzen treiben an einem Seeufer.

Die männlichen Blüten der Europäischen Eibe *(Taxus baccata)* stäuben schon bei einem leichten Windhauch.

Körner auf passende Narben gelangen. Aus den weiblichen Blüten der windbestäubten Laubgehölze entwickeln sich nach der Bestäubung Früchte mit meist nur einem – oft recht großen – Samen. Hierfür reicht jeweils ein einziges Pollenkorn, das der Wind zufällig auf die Narbe getragen hat. Diese Bäume können es sich somit leisten, dass ein großer Teil des Blütenstaubs verloren geht.

## DIE ALTERNATIVE – TIERBESTÄUBUNG

Blüten, die Tiere als Kuriere für ihren Pollen benutzen, müssen attraktiv für diese sein. Blüten und ihre Bestäuber haben sich dabei im Verlauf vieler Koevolutionsvorgänge ideal aneinander angepasst. Dies hat zu der mannigfaltigen Blütenpracht bei den bedecktsamigen Pflanzen geführt, die wir in der freien Natur und in unseren Gärten bewundern können.

Farbige Blüten fallen nicht nur uns auf, sondern auch vielen Tieren. Sie wirken auf sie wie Leuchtreklame. Auch Düfte – oder für uns unangenehme Gerüche – können Tiere magisch anziehen. Natürlich dürfen die Blüten nicht nur leere Versprechen abgeben, sondern müssen eine Belohnung bieten. Sonst verlieren die potenziellen Bestäuber rasch das Interesse an ihnen. Als Lockmittel kommen in erster Linie Nahrung, aber auch Schutz infrage. Außerdem gibt es Täuschblumen. Ihre Blüten imitieren wie die Ragwurz-Arten *(Ophrys)* unter den Orchideen mit Sexuallockstoffen und Blütenform ein Insektenweibchen und legen damit Insektenmännchen herein. Einige Aronstabgewächse (Araceae) täuschen mit Aasgeruch eine geeignete Brutstelle für Fleischfliegen und Aaskäfer vor. Andere wie der heimische Aronstab *(Arum maculatum)* riechen harnartig. Sie führen damit weibliche Abortfliegen *(Psychoda phalaenoides)* hinters Licht, die nach Plätzen für die Eiablage suchen.

Während in tropischen Breitengraden neben Insekten auch Kolibris und Nektarvögel sowie Fledermäuse und Flughunde eine wichtige Rolle bei der Bestäubung spielen, sind bei uns in erster Linie die unterschiedlichsten Insekten als fliegende Boten unterwegs.

### Blüten und Insekten

Expertinnen und Experten schätzen, dass rund 30 Prozent aller Insekten weltweit regelmäßig Blüten besuchen. Sie halten sich dort in der Regel aus eigenem Interesse auf und nicht, um diese absichtlich zu bestäuben. Es ist vielmehr ein Nebeneffekt, wenn Pollen auf die Narbe derselben Pflanzenart gelangt. Ob dies passieren kann, hängt sowohl

Mit Pollen bepuderte Biene an Klatsch-Mohn

vom Bau der jeweiligen Blüte als auch vom Körperbau des Tieres und seinem Verhalten ab. In Koevolution haben sich zunehmend hoch spezialisierte Blüten entwickelt, die nur noch von wenigen ebenso spezialisierten Tieren erfolgreich bestäubt werden. Blüten, deren Pollen und Narben leicht zugängig sind, können dagegen von vielen Arten bestäubt werden. Dabei ist es nicht notwendig, dass der Blütengast nach dem Pollen sucht – dieser bleibt oft zufällig an ihm hängen und wird ungewollt verschleppt. Besonders gut gelingt dies, wenn das Tier behaart ist, bevorzugt an solchen Stellen, mit denen es die Staubbeutel berührt.

## KRAFTNAHRUNG FÜR VEGANER

Pollenkörner enthalten nicht nur Erbgut, in ihnen steckt auch viel Eiweiß. Für Veganer unter den Tieren stellen Staubblätter mit dem daraus freigesetzten Pollen damit wahre Kraftpakete dar. Kein Wunder also, dass viele Insekten Pollen fressen oder für ihren Nachwuchs sammeln. Dieser Blütenstaub ist damit für die Pflanze verloren. Arten wie die Korallen-Pfingstrose *(Paeonia mascula)*, in deren Blüten je bis zu 3,6 Millionen Pollenkörner reifen, oder der Klatsch-Mohn *(Papaver rhoeas)* mit rund 2,5 Millionen Pollenkörnern pro Blüte verschmerzen es jedoch, dass ein großer Teil davon von pollenfressenden oder -sammelnden Insekten abgeerntet wird: Pfingstrosen haben höchstens ein paar Dutzend Samenanlagen pro Blüte, Klatsch-Mohn bis zu 5000 – hierfür reicht der Pollen allemal.

## LOCKEN MIT BILLIGPRODUKTEN

Um möglichst wenig Blütenstaub zu verschwenden, bieten viele Pflanzen den Tieren als Belohnung für den Kurierdienst andere Nahrung an. Mit dem Zucker aus der Fotosynthese steht ihnen ein praktisch unbegrenzt vorhandenes, billiges Lockmittel zur Verfügung. Unzählige Blüten bilden deshalb zuckerhaltigen Nektar, der bei uns vor allem Insekten als ergiebiger Energielieferant dient. In Amerika locken Pflanzen wie Trompetenblume *(Campsis)*, Fuchsie *(Fuchsia)* und Indisches Blumenrohr *(Canna indica)* damit Kolibris als Bestäuber an, in der Alten Welt Arten wie Paradiesvogelblume *(Strelitzia reginae)* und Schopf-Fackellilie *(Kniphofia uvaria)* Nektarvögel. Diese Bestäuber fehlen natürlich in unseren Gärten – hier suchen zum Teil unspezialisierte Insekten die entsprechenden Blüten auf, zum Beispiel Wespen die Trompetenblumen und Hummeln die Fuchsien. Oft bleiben die fremdländischen Blumen jedoch unbehelligt. So taucht zum Beispiel an den Blüten von Forsythien *(Forsythia)* kein einziges Insekt auf.

Es muss auch nicht immer Nektar oder Pollen sein, den Insekten als Verpflegung erhalten. Gilbweiderich-Arten *(Lysimachia)* locken mit einem fetten Öl Schenkelbienen *(Macrolepis)* an. Diese sammeln das Öl und vermischen es mit Pollen anderer Pflanzen zu einem nahrhaften Larvenbrot. Auch der Elfensporn *(Diascia)* gehört zu den Ölblumen. In seiner südafrikanischen Heimat ernten Bienen der Gattung *Rediviva* das Öl mit samtig behaarten Vorderbeinen aus den beiden Blütenspornen und verwenden es als Larvennahrung.

In den Blüten der Kaiserkrone *(Fritillaria imperialis)* glänzen große Nektardrüsen.

Gewöhnlicher Gilbweiderich *(Lysimachia vulgaris)* mit Schenkelbiene

## RUHESTÄTTEN

Viele Wildbienen suchen abends oder bei Regen Glockenblumen *(Campanula)* auf. Sie finden in den meist nach unten geneigen Blüten Schutz vor nächtlichen Räubern, Tau und Regen. Auch die Blüten der Weißen Seerose *(Nymphaea alba)* sind beliebte Nachtquartiere. Käfer lassen sich darin einschließen, wenn sich die Blütenblätter abends zusammenneigen. Zwischen den Blütenblättern von Rosen *(Rosa)* und in den Blütenkörbchen von gefüllten Dahlien *(Dahlia)* verstecken sich tagsüber häufig Ohrwürmer *(Dermaptera)*. Die schüsselförmigen Blüten der in den Alpen und im hohen Norden beheimateten Weißen Silberwurz *(Dryas octopetala)* bündeln die Wärme der Sonnenstrahlen wie Parabolspiegel in ihrem Zentrum. Dort helfen sie Fliegen, trotz der kalten Umgebung auf Betriebstemperatur zu kommen.

Weiße Silberwurz

## PUNKTEN DURCH MENGE – BLÜTENSTÄNDE

Wühlen sich Insekten durch Blüten, können sie viel zerstören. Vor allem Käfer fressen oft wahllos Blütenteile auf. Bei Pflanzen mit wenigen großen Einzelblüten, etwa jenen der erdgeschichtlich alten Magnoliengewächse (Magnoliaceae), kann dies leicht zu einem Totalausfall bei der Samenbildung führen. Entwickelt eine Pflanze dagegen mehr Blüten, verteilt sich das Risiko. Die Pflanze schafft es jedoch nicht, mit denselben Ressourcen einfach die Blütenzahl zu erhöhen und die Größe der Einzelblüte zu belassen. Vielmehr ist sie gezwungen, die Blütengröße zu reduzieren. Dies hat im Verlauf der Evolution dazu geführt, dass Blüten vermehrt zu größeren Einheiten, den **Blütenständen**, zusammengelagert werden.

Fachpersonen unterscheiden je nach Verzweigung und Anordnung der Blüten in den Blütenständen eine Vielzahl an verschiedenen Typen. Sie stellen wichtige Bestimmungsmerkmale dar und spielen für die Systematik der Blütenpflanzen eine Rolle.
Die Absicht ist jedoch bei allen dieselbe: Die Blüten sollen den Bestäubern auffallen. Kleine Blüten stehen deshalb meist dicht beieinander und wirken so in der Menge attraktiv.

Bereits innerhalb der Familie der Glockenblumengewächse (Campanulaceae) lässt sich sehr schön nachverfolgen, wie Blüten kleiner werden, aber gleichzeitig durch ihre Menge auffallen:

Ballonblume *(Platycodon grandiflorus)*: Durchmesser 4–7 cm

Knäuel-Glockenblume *(Campanula glomerata)*: Länge 2–3 cm

Kugelige Teufelskralle *(Phyteuma orbiculare)*: Länge 1–1,7 cm

Berg-Sandglöckchen *(Jasione montana)*: Länge 0,6–1,5 cm

Bei **doldenartigen Blütenständen** sitzen alle Blüten auf Stielen wie auf einem Schirm angeordnet, also etwa auf derselben Höhe. Es kann sich hierbei um **echte Dolden** handeln, bei denen die Blütenstiele alle an der Spitze der Sprossachse entspringen, wie bei Möhre *(Daucus carota)*, Fenchel *(Foeniculum vulgare)* und Bärenklau *(Heracleum)*, oder um Trugdolden mit unterschiedlich ansitzenden Blütenstielen wie bei Holunder *(Sambucus)* oder Schneeball *(Viburnum)*. Egal wie sie entstanden sind, bieten solche Blütenschirme einen großen Vorteil: In einer dichten Wiese oder in einer Hecke profitieren alle Einzelblüten von einem exponierten Platz und können dort von den bestäubenden Insekten gut erreicht werden.

Wolliger Schneeball *(Viburnum lantana)*

Entsprechende Blütenstiele fehlen in den Blütenständen von Teufelskrallen *(Phyteuma)*, Sandglöckchen *(Jasione)*, Witwenblumen *(Knautia)* und vielen anderen. Ihre Blüten bilden **Köpfchen**.

Eine noch engere Gemeinschaft bilden die Blüten bei den Korbblütlern (Asteraceae). Ihre gestauchte, verbreiterte oder verdickte Blütenstandsachse ist von Hüllblättern umgeben und trägt viele Einzelblüten. Ein solches **Blütenkörbchen** ahmt eine Einzelblüte besonders gut nach und verteilt das Risiko dabei auf unzählige kleine Blüten. Es gibt bei Blütenkörbchen sogar meist eine ähnliche Arbeitsteilung wie in einer zwittrigen Einzelblüte: Die Hüllblätter um das Körbchen schützen dieses sowohl in der Knospe als auch nach der Blüte. Ein Teil der Blüten übernimmt die Funktion von Blütenblättern. Sie sind besonders auffällig und sitzen meist in den äußeren Kreisen des Körbchens. Da ihre Kronblätter in der Regel auf einer Seite der Blüte zungenartig verwachsen sind, heißen sie **Zungenblüten**. Manchmal haben sie noch Staub- und Fruchtblätter oder sie sind zwittrig. Häufig fehlen ihnen jedoch Geschlechtsorgane und sie sind steril. Ihnen folgen nach innen zu viele weitere Blüten. Auch sie können zungenförmig sein. Häufig jedoch bilden ihre Kronblätter eine gleichmäßige, fünfzipfelige Röhre. Sie heißen deshalb **Röhrenblüten**. Meistens sind sie zwittrig, seltener männlich oder weiblich. Im Rahmen der Evolution sind Einzelkörbchen noch nicht das Ende der Möglichkeiten. Bei Rainfarn *(Tanacetum vulgare)*, Schafgarbe *(Achillea)* und Edelweiß *(Leontopodium)* übernehmen viele Körbchen gemeinsam die Schaufunktion.

Das Blütenkörbchen des Schmuckkörbchens (*Cosmos bipinnatus*, ur. ähnelt sehr stark einer Einzelblüte einer Zistrose (*Cistus*, oben).

Garten-Zinnie *(Zinnia elegans)* mit pinkfarbenen, weiblichen Zungenblüten und gelben Röhrenblüten

Blütenstände bieten zusätzlich den Vorteil, dass bei ihnen in der Regel nicht alle Blüten gleichzeitig blühen. Die Wahrscheinlichkeit, dass wenigstens einige Blüten einen günstigen Zeitpunkt für einen Blütenbesuch erwischen, erhöht sich dadurch. In der Regel öffnen sich die Blüten in den Blütenständen von unten nach oben. Unten sitzen die ältesten Blüten, die sich als Erstes öffnen, reifen und verwelken, während am oberen Ende noch lange Zeit Knospen sitzen können. Auch die Blüten in Köpfchen und Körbchen öffnen sich meist nacheinander von außen nach innen. Diese Blumen «blühen» also sehr lange – ein Grund, warum Witwenblumen *(Knautia)*, Sonnenhüte *(Echinacea)*, Sonnenblume *(Helianthus annuus)* und viele weitere Pflanzen mit solchen Blütenständen als Zierpflanzen beliebt sind.

Zwei Ausnahmen von diesen Reihenfolgen können Sie im Garten beobachten: Bei den Karden *(Dipsacus)* öffnen sich die ersten Blüten in der Mitte des Köpfchens. Dann bilden sich nach oben und unten weitere Blütenringe. Die Ährige Prachtscharte *(Liatris spicata)* hat viele kleine Blütenkörbchen, die an einer langen Achse angeordnet sind. Dort öffnen sich zuerst die obersten Körbchen und dann die unteren.

## BLÜTE ODER BLUME?

Aus botanischer Sicht ist eine Blüte nicht immer eine Blume. Unter einer Blume verstehen Fachleute eine bestäubungsbiologische Einheit. Sie lockt Bestäuber an und kann von diesen mit einem einzigen Besuch bestäubt werden. Bei Köpfchen oder Körbchen ist damit der ganze Blütenstand eine Blume. Die Blüte einer Schwertlilie *(Iris)* dagegen muss das Insekt dreimal anfliegen – eine Irisblüte besteht damit aus drei Blumen.

Ährige Prachtscharte

Die Blüten der Schopf-Fackellilie *(Kniphofia uvaria)* öffnen sich von unten nach oben in einer Blütentraube.

Wilde Karde *(Dipsacus fullonum)*

## VOLLENDET IN FORM UND FÄRBUNG

Aus Sicht einer Pflanze ist es optimal, wenn ein Bestäuber sie gezielt besucht und Pollen ihrer Blüten zu den Blüten eines anderen Individuums derselben Art transportiert, ohne diesen zu fressen. So geht nichts oder nur wenig des für die sexuelle Fortpflanzung wertvollen Blütenstaubs verloren.

### Besucherlenkung

Ursprüngliche Blüten besitzen eine **Radialsymmetrie**. Dies bedeutet, dass – von oben auf sie geblickt – durch ihr Zentrum zahlreiche Symmetrieachsen gelegt werden können. Auch ein Insekt kann eine solche Blüte auf unterschiedliche Weise anfliegen. Blüten wie die von Mohn *(Papaver)*, Anemonen *(Anemone)*

Gewöhnliche Kuhschelle *(Pulsatilla vulgaris)*: Radialsymmetrie

Hohler Lerchensporn *(Corydalis cava)*: Bilateralsymmetrie mit Sporn

Baikal-Helmkraut *(Scutellaria baicalensis)*: Bilateralsymmetrie ohne Sporn

und Rosen *(Rosa)* haben deshalb meistens viele Staubblätter. Dies erhöht die Chance, dass das Tier Pollen aufgeladen bekommt und auf einer weiteren Blüte an der Narbe abstreift.

Wesentlich sparsamer ist es, dem Bestäuber einen bestimmten Weg vorzugeben, auf dem er die Blüte besuchen muss. Hierzu haben Pflanzen Blüten mit **Bilateralsymmetrie** entwickelt: Sie haben nur eine Symmetrieachse, die die Blüte in zwei spiegelbildliche Hälften teilt. Bilaterale Blüten haben zum Beispiel Salbei *(Salvia)*, Leinkraut *(Linaria)* und Fingerhut *(Digitalis)*. In diesen Blüten sind die wenigen Staubblätter und die Narbe so platziert, dass das Tier unweigerlich an ihnen vorbeistreifen muss, wenn es vom Nektar naschen möchte. Dieser ist häufig tief in den Blüten verborgen. Dort kann er nicht vom Regen weggespült werden. Bei Leinkraut, Spornblume *(Centranthus)*, Rittersporn *(Delphinium)*, Veilchen *(Viola)* und vielen Orchideen sammelt sich der Nektar nicht am Blütenboden, sondern noch tiefer in der Blüte in einer hohlen Aussackung, dem **Sporn**. Dort können ihn nur Insekten mit entsprechend langen Rüsseln auf regulärem Weg erreichen.

## GARTEN-TIPP

Wenn Sie verblühte Blüten aus den Blütenständen herauszupfen oder die ganzen verblühten Blütenstände abschneiden, regt das viele Pflanzen, zum Beispiel den Sommerflieder *(Buddleja davidii)*, an, weitere Blüten oder Blütenstände zu bilden. Denn sie haben den Zweck der Blütenbildung – die Ausbildung von Samen – dann noch nicht erreicht.

## POLLENIMITATE UND FARBMALE

Viele Blüten schützen ihren Blütenstaub vor Insekten, indem sie von ihren sichtbaren Staubbeuteln ablenken oder diese ganz in Röhren oder unter Vorwölbungen verstecken. Stattdessen besitzen sie gelbe Punkte, Flecken, Linien oder sogar dreidimensionale, erhabene Strukturen, die auf den ersten Blick an Staubbeutel erinnern. Alle diese Attrappen locken Insekten zu den Blüten und dienen ihnen dort als Leitlinien, um den Weg zum Nektar zu finden.

Hybrid-Spaltblume (*Schizanthus* x *wisetonensis*)

Garten-Löwenmaul *(Antirrhinum majus)*

Deutsche Schwertlilie *(Iris germanica)*

### Käferblumen

Käfer gelten als jene Insekten, die in der Evolution als Erstes Blüten bestäubt haben. Mit ihren beißenden Mundwerkzeugen ist es ihnen jedoch kaum möglich, versteckten Pollen oder tief in Röhren verborgenen Nektar zu erreichen. Pollen- und nektarfressende Käfer besuchen bei uns deshalb vor allem weit offene, schalenförmige, oft große Blüten wie die von Seerosen *(Nymphaea)* oder Blütenstände mit vielen kleinen Blüten wie Dolden oder Blütenkörbchen. Diese bieten ihnen leicht zugängliche Nahrung. Viele Käfer gehen wenig zimperlich vor und fressen gerne auch zarte Blütenblätter oder ganze Blüten. Doldenartige Blütenstände, Köpfchen und Körbchen können einen solchen Verlust meist gut verschmerzen.

Dolde einer Wilden Möhre (*Daucus carota* subsp. *carota*) mit Roten Weichkäfern *(Rhagonycha fulva)*

### Tagfalterblumen

Solche Blumen haben, wie Nelken *(Dianthus)* oder Phlox *(Phlox)*, die Form eines aufrechten «Stieltellers» oder sind, wie Wandelröschen *(Lantana)*, Flockenblumen *(Centaurea)*, Skabiosen *(Scabiosa)*, Witwenblumen *(Knautia)*, Sommerflieder *(Buddleja davidii)*, Wilde Karde *(Dipsacus fullonum)* und Korbblütler, zu kompakten Blütenständen zusammengelagert und bieten einen Landeplatz. Sie sind häufig weiß, rosa oder violett gefärbt und riechen blumig oder fruchtig. Der Nektar kann mehrere Zentimeter tief in der Röhre oder in einem Sporn verborgen sein.

Köpfchen einer Wilden Karde mit Kaisermantel *(Argynnis paphia)*

### Nachtschwärmerblumen

Die Schwärmer unter den Schmetterlingen benötigen keinen Landeplatz, sondern können im Schwirrflug wie Kolibris vor den Blüten in der Luft stehen. Typische Blumen für nachtaktive Schwärmer weisen die Form eines Stieltellers mit enger, langer Röhre auf. Sie stehen oft waagerecht und die Kronzipfel sind zurückgeschlagen oder schmal. Damit sie auch in der Dunkelheit gut zu erkennen sind, sind sie hell gefärbt, meist weißlich oder grünlich. Abends duften sie angenehm und sehr stark süßlich wie Jelängerjelieber *(Lonicera caprifolium)*.

Seifenkraut *(Saponaria officinalis)* mit Wolfsmilchschwärmer *(Hyles euphorbiae)*

## Nachtfalterblumen

Im Gegensatz zu Nachtschwärmern flattern Eulenfalter von Blüte zu Blüte und halten sich beim Nektartanken zumindest mit den Vorderbeinen fest. Typische an diese Falter angepasste Blumen bieten deshalb einen Landeplatz oder etwas zum Festhalten wie gebogene Staubfäden. Auch sie öffnen sich abends, sind oft hell und duftend und verbergen ihren Nektar am Grund einer engen, dünnen Röhre, wie die der Gewöhnlichen und der Rotkelchigen Nachtkerze *(Oenothera biennis, Oenothera glazioviana)* und der Weißen Lichtnelke *(Silene latifolia)* oder in einem Sporn wie bei der Weißen Waldhyazinthe *(Platanthera bifolia)*.

Rotkelchige Nachtkerze mit Gammaeule *(Autographa gamma)*

## Bienenblumen

Honigbienen, Wildbienen und Hummeln sind die häufigsten Blütenbestäuber in Mitteleuropa. Blüten locken sie besonders mit gelben und blauen Farben und mit Farbmalen, die oft nur im UV-Bereich sichtbar sind, sowie mit honigartigem Duft. Die Form der Blüte kann sehr variabel sein. Benötigt wird jedoch ein Lande- und Sitzplatz. Außerdem darf Nektar als Belohnung nicht tiefer verborgen sein, als der Rüssel der jeweiligen Bienenart reicht. Die Grenze liegt bei etwa 1,5 cm Tiefe.

Gewöhnliche Ochsenzunge *(Anchusa officinalis)* mit Weidensandbiene *(Andrena vaga)*

## NEKTARRAUB

Hummeln mit kurzem Rüssel beißen häufig die zarten Sporne von Lerchensporn *(Corydalis)* und Akelei *(Aquilegia)* auf, um an den süßen Nektar zu gelangen. Durch die offenen Fenster, die sie hinterlassen, können nun auch kurzrüsselige Bienen, kleine Käfer und Schwebfliegen an den Nektar gelangen – ohne zu bestäuben!

Honigbiene *(Apis mellifera)* an Gewöhnlicher Akelei *(Aquilegia vulgaris)*

## DER LETZTE AUSWEG: SELBSTBESTÄUBUNG

Manchmal nützen alle Tricks und Mechanismen nichts. Wenn weder Wind noch ein Tier Pollen auf die Blüte übertragen haben, greifen viele Pflanzen zu einer naheliegenden Lösung: Sie bestäuben sich selbst. In vielen Fällen geschieht dies, wenn sich die Blüten schließen und dabei die welkende Krone die Staubblätter an die Narbe drücken.

Eine extreme Lösung haben Wunder-Veilchen *(Viola mirabilis)*, Hunds-Veilchen *(Viola canina)*, März-Veilchen *(Viola odorata)*, Wald-Sauerklee *(Oxalis acetosella)* und Stängelumfassende Taubnessel *(Lamium amplexicaule)* gefunden: Sie bilden nicht nur normale Blüten aus, sondern auch solche, die sich gar nicht erst öffnen, sondern gleich in der Knospe selbst befruchten.

### FREMDE BEVORZUGT

Im Prinzip könnte sich jede zwittrige Blüte selbst bestäuben. Häufig passiert es auch, dass Insekten, Wind oder Regen den Pollen auf Narben desselben Individuums übertragen – sozusagen Selbstbestäubung mit fremder Hilfe.

Das Ergebnis ist dasselbe: Bei einer Selbstbestäubung mit folgender Selbstbefruchtung vermischen sich die Gene nicht mit jenen eines anderen Exemplars derselben Art: Es kommt letztendlich zu Inzucht. Deshalb haben die meisten Pflanzen Hindernisse oder Hemmschwellen eingebaut, um eine Fremdbestäubung zu fördern und sich nur im Notfall selbst zu bestäuben und zu befruchten.

#### Genetisch kontrolliert

Viele Arten sind genetisch so programmiert, dass ein Pollenkorn auf der eigenen Narbe erst gar nicht auskeimt oder der Pollenschlauch sehr viel langsamer zu der Samenanlage wächst als der von einem anderen Individuum. In anderen Fällen stirbt der Embryo frühzeitig ab, wenn er mit einer eigenen Spermazelle gezeugt wurde.

> **GARTEN-TIPP**
>
> Wenn Sie einen Apfel- oder Birnbaum oder eine Süß-Kirsche im Garten haben, die keine Früchte tragen, fehlt ihnen wahrscheinlich ein Pollenspender. Die meisten Sorten dieser Obstbäume sind selbststeril. Sie bilden nur Früchte, wenn sie mit dem Pollen einer anderen Apfel-, Birnen- oder Süßkirschensorte befruchtet werden. Bei Apfelbäumen kann dies auch ein Zierapfel sein.

#### Zeitlich getrennt

Sehr häufig reifen die Staubblätter in einer Blüte zu einem anderen Zeitpunkt als die Narben – bei **vormännlichen** Pflanzen zuerst die Staubblätter, bei **vorweiblichen** zuerst die Narben. Besonders das Phänomen der vormännlichen Blüten ist weit verbreitet: So entleeren Glockenblumen *(Campanula)* ihre Staubbeutel bereits in der geschlossenen Knospe. Bei Schwarzkümmel *(Nigella)* neigen sich geöffnete Staubbeutel nach unten und können Insekten mit Pollen einstäuben. Zu diesem Zeitpunkt stehen die Griffel ihres Fruchtknotens noch aufrecht und sind nicht bestäubungsbereit. Erst im weiblichen Stadium krümmen sie sich nach unten und können Pollen aufnehmen. Bei Malven *(Malva)* wächst die mehrteilige Narbe zwischen den reifen Staubblättern in die Höhe. Sie öffnet sich erst, wenn der Blütenstaub entlassen und

Echter Schwarzkümmel *(Nigella sativa)*

Spitz-Wegerich

## POLLENPUMPEN

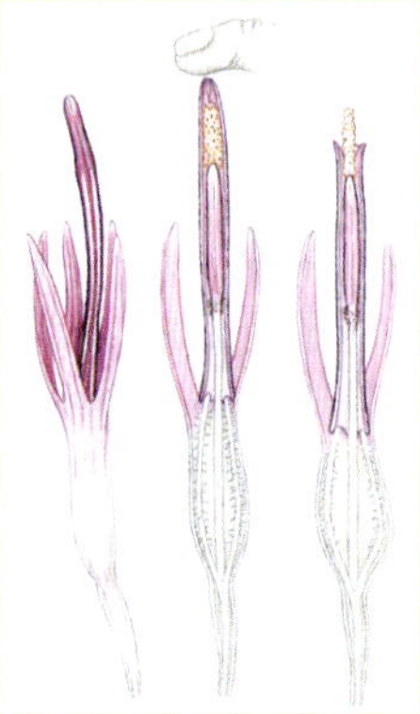

Flockenblumen behalten ihren Pollen so lange geschützt in der Staubbeutelröhre, bis ein potenzieller Bestäuber auf der Blüte landet. Durch den mechanischen Reiz – der auch mit einem Finger erfolgen kann – verkürzen sich die Staubfäden und ziehen die Staubbeutel rasch nach unten. Griffel und geschlossene Narbe drücken nun wie ein Pumpschwengel eine Portion Pollen durch die enge Röhre nach außen. Sie erscheint nach kurzer Zeit wie aus einer Nudelspritze gedrückt.

die Staubblätter vertrocknet sind. Bei Sonnenblume *(Helianthus annuus)*, Flockenblumen *(Centaurea)* und anderen Korbblütlern (Asteraceae) setzen die zu einer Röhre verbundenen Staubbeutel den Pollen nach innen frei, solange die Narbe noch geschlossen ist. Bevor sich diese öffnet, wird er von Fegehaaren an Griffel und Narbe nach oben geschoben.
Zu den vorweiblichen Pflanzen zählen viel weniger Arten, unter anderem Spitz-Wegerich *(Plantago lanceolata)*, Apfel *(Malus)* und Birne *(Pyrus)*.

## Räumlich getrennt

In vielen Blüten sitzen Staubblätter und Fruchtblätter räumlich so zueinander, dass Pollen und Narbe nicht oder nur schwer zueinander gelangen können, weder von selbst noch durch Bestäuber. Bei Schwertlilien *(Iris)* klappt dazu ein kleiner Lappen schützend auf die Narbe, wenn ein pollenbeladenes Insekt die Blüte verlässt. In der nächsten Blüte streift der Lappen den Pollen dann vom Insekt auf die Narbe.
Andere Pflanzen besitzen unterschiedliche Blütentypen. So gibt es bei Primeln *(Primula)* Individuen, die Blüten mit langen Griffeln und in der Kronröhre versteckten Staubblättern ausbilden, und etwa genauso viele mit kurzen Griffeln und weit oben sitzenden Staubblättern. Auch die Feinstrukturen der Narben und Pollenkörner unterscheiden sich. Langgriffelige Blüten können nur mit Pollen von weit oben sitzenden Staubblättern bestäubt und befruchtet werden und andersherum. Blutweiderich *(Lythrum salicaria)* besitzt sogar drei verschiedene solcher Blütenformen.

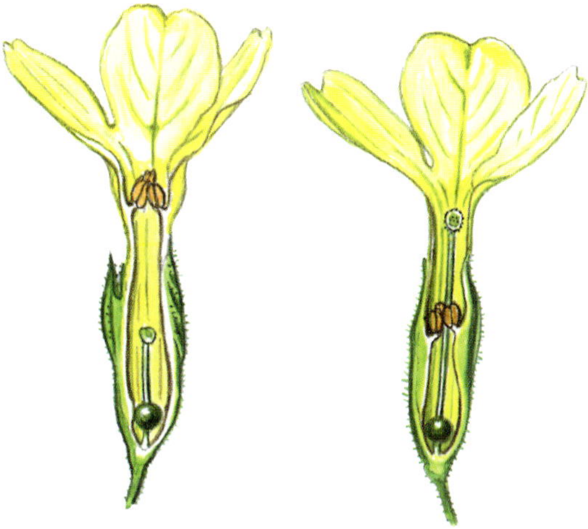

Primeln mit verschiedenen Blütentypen

Gefülltes Blütenkörbchen: Schmuckdahlie 'Wittem' (*Dahlia* 'Wittem')

## GEFÜLLTE BLÜTEN UND BLUMEN

Zuchtbetriebe haben bei vielen Gartenblumen solche herangezogen und ausgelesen, die besonders viele Blütenblätter haben oder bei Korbblütlern (Asteraceae) besonders viele Zungenblüten. Diese für unsere Augen besonders attraktiven Blumen haben für Insekten meist keinen oder kaum einen Wert: Bei Einzelblüten haben sich Staubblätter zu Blütenblättern umgewandelt, es gibt also in den Blüten keinen oder viel weniger Pollen zu holen. Auch die Nektarmenge ist häufig reduziert. Bei Korbblütlern entstehen Zungenblüten anstelle von Röhrenblüten, also solche Blüten, die bei vielen Arten steril sind oder nur weiblich.

Gefüllte Blüte: Kissen-Primel (*Primula vulgaris* Sorte)

### GARTEN-TIPP

Schaublüten und farbige Laubblätter leben meist viel länger als die fertilen Blüten. Sie zieren oft noch die Fruchtstände oder bleiben sogar über den Winter attraktiv. Es lohnt also, verwelkte Blütenstände bei diesen Pflanzen nicht voreilig abzuschneiden.

## AUSSENWERBUNG

Nicht jede Blüte hat Staub- oder Fruchtblätter. Es gibt einige Pflanzen in unseren Gärten, bei denen es sterile Blüten sind, an denen wir uns besonders erfreuen. Bei Hortensien *(Hydrangea)* ziehen große unfruchtbare Schaublüten mit farbigen Kelchblättern den Blick auf sich. Auch der Gewöhnliche Schneeball *(Viburnum opulus)* besitzt solche Schaublüten. Bei der Wildform sitzen sie nur am Rand des Blütenstands, beim Gefüllten Schneeball (*Viburnum opulus* 'Roseum') dagegen bestehen die kugeligen Blütenstände ausschließlich aus sterilen Blüten. Früchte kann diese Zuchtform deshalb nicht ausbilden.
Andere Pflanzen beziehen sogar Pflanzenteile außerhalb der Blüten ein, um Bestäuber zu den Blüten zu locken. So bilden Schopf-Lavendel *(Lavandula stoechas)* und manche Salbei-Arten wie Muskateller Salbei *(Salvia sclarea)* farbige Blätter im Blütenstand. Beim Japanischen Blumen-Hartriegel *(Cornus kousa)* umgeben weiße und beim Weihnachtsstern *(Euphorbia pulcherrima)* farbige Laubblätter den Blütenstand und sorgen für Aufmerksamkeit.

Schopf-Lavendel

Samt-Hortensie *(Hydrangea aspera)*

## ZEITGEBER FÜR DAS EXAKTE TIMING

Damit eine Pflanze anstelle von Laubblättern Blüten ausbildet, müssen bestimmte Gene in den entsprechenden Wachstumsregionen aktiviert werden. Diese Blühinduktion passiert bei manchen Pflanzen einfach dann, wenn sie eine bestimmte Entwicklungsphase erreicht haben. Oft spielen jedoch Trockenheit, Temperatur oder Stress eine Rolle. Manche Pflanzen benötigen eine längere Kälteperiode, damit sie blühen können. Sie bauen dann während dieser Zeit Hemmstoffe in den Knospen ab, die deren Austreiben verhindern.

### GARTEN-TIPP

Nach einem alten katholischen Brauch schneidet man am 4. Dezember, dem Gedenktag der Heiligen Barbara, «Barbarazweige» von Obstbäumen und stellt sie ins Wasser, sodass sie an Weihnachten blühen. Dies gelingt jedoch nur, wenn es vor dem Abschneiden der Zweige Frost gegeben hat oder man diese für einige Stunden in der Tiefkühltruhe lagert. Ohne einen Kältereiz wachen die Knospen nicht aus ihrer Knospenruhe auf.

## WENN PFLANZEN STUNDEN ZÄHLEN

Besonders stark beeinflusst die Tageslänge die Blühreife. Nur **tagneutrale Pflanzen** erreichen sie unabhängig davon. Hierzu zählen viele kurzlebige Arten wie Hirtentäschel *(Capsella bursa-pastoris)*, Vogelmiere *(Stellaria media)* oder Sonnenblume *(Helianthus annuus)*. Auch Gänseblümchen *(Bellis perennis)* und Tomate *(Solanum lycopersicum)* können rund um das Jahr blühen. **Langtagpflanzen** dagegen blühen nur, wenn die Helligkeitsphasen jeden Tag ausreichend lang sind, in der Regel mindestens 12 Stunden. Rittersporn *(Delphinium)*, Roter Fingerhut *(Digitalis purpurea)* und Rot-Klee *(Trifolium pratense)* gehören zu dieser Gruppe. Der Einfluss des Langtags erklärt auch, warum viele Sorten von Gartensalat *(Lactuca sativa)* im Sommer zur Blütenbildung (Schossen) neigen. **Kurztagpflanzen** dagegen brauchen über einen ausreichenden Zeitraum hinweg Dunkelphasen von 12 Stunden oder mehr pro Tag. Zu diesem Blühtyp zählen Chrysanthemen *(Chrysanthemum)*, Garten-Fuchsschwanz *(Amaranthus caudatus)*, Topinambur *(Helianthus tuberosus)* und Weihnachtsstern *(Euphorbia pulcherrima)*.

Je nach Pflanzenart unterscheiden sich sowohl die kritische Tageslänge als auch die Anzahl benötigter Tage mit der passenden Lichtlänge.

### ZWEITE BLÜTE

Manchmal kommen Äpfel *(Malus)*, Rosskastanien *(Aesculus)*, Rhododendren *(Rhododendron)* oder andere Gehölze im Spätherbst ein zweites Mal zur Blüte. Gewöhnlich würden die entsprechenden Knospen erst im nächsten Jahr austreiben, doch Stress hat in diesen Fällen die Austriebhemmung aufgehoben. In Zeiten des Klimawandels kommen als Faktoren in erster Linie lange Trockenphasen und anschließende feuchte Witterung infrage. Doch auch starker Rückschnitt, starker Hagel oder Schädlingsbefall können dazu führen, dass sich einige Knospen außerhalb der üblichen Zeit öffnen. Dem Gehölz schadet dies in der Regel nicht. Es bleiben genügend Blütenknospen für das nächste Frühjahr übrig.

Bei manchen Arten reichen einer oder wenige Tage, andere benötigen mehrere Wochen oder eine Phase mit kurzen und langen Tagen in einer bestimmten Reihenfolge. So blühen Fuchsien *(Fuchsia)* erst, wenn sie mindestens sechs Wochen lang täglich mehr als 12 Stunden Licht hatten. Genau genommen messen die Pflanzen nicht die Helligkeit, sondern die Länge der Dunkelperiode. Bei empfindlichen Kurztagpflanzen kann bereits eine helle Vollmondnacht oder ein paar Minuten Lichtschein die Blühinduktion unterbrechen.

Viele Kurztagpflanzen stammen aus trockenen Regionen mit winterlichen Niederschlägen. Sie nutzen die Feuchtigkeit in der dunkleren Jahreszeit für ihre Blüten aus. So blühen Fackellilien *(Kniphofia)* in ihrer südafrikanischen Heimat ab Oktober. Dann ist dort die Regenzeit zu Ende, es beginnt der Frühling und die Tage werden länger. Zu uns auf die Nordhalbkugel versetzt sollten sie entsprechend etwa ab April blühen. Aber sie behalten ihre innere Uhr bei und öffnen ihre Blüten weiterhin in der zweiten Jahreshälfte, meist ab Juli bis in den Oktober – also dann, wenn bei uns die Tage kürzer werden. Für sie ist also sicher nicht nur die Tageslänge der Taktgeber, sondern es spielen wohl auch Feuchtigkeit und die Temperatur der vorangehenden Periode eine Rolle. Andere «Südafrikaner» halten sich dagegen an die verschobenen Jahreszeiten: Mittagsblumen *(Delosperma)* blühen sowohl auf der Nord- als auch auf der Südhalbkugel vom Frühjahr bis in den Hochsommer, in Südafrika also ab August, bei uns dagegen ab April.

Roter Fingerhut *(Digitalis purpurea)*

## BLÜTENVERÄNDERUNGEN, KRANKHEITEN UND SCHÄDLINGE AN BLÜTEN

| BETROFFENE PFANZEN | MERKMALE | URSACHE | MASSNAHMEN |
|---|---|---|---|
|  An praktisch allen Blüten möglich Foto: Gartenlaubkäfer *(Phyllopertha horticola)* auf Bibernell-Rose *(Rosa pimpinellifolia)* | Blütenblätter, aber auch andere Blütenteile weisen Löcher auf und sind angenagt. Bei Blütenkörbchen sind besonders die Zungenblüten mehr oder weniger stark abgefressen. | **Insektenfraß** Verschiedene Insekten, besonders Blattkäfer, Rüsselkäfer, Flohkäfer. In Dahlien, Clematis und Chrysanthemen und Taglilien besonders häufig der Gemeine Ohrwurm *(Forficula auriculata)*. | Ohrwürmer sind auch Nützlinge, da sie Blattläuse und andere Schädlinge vertilgen: deshalb absammeln und umsiedeln. Hierzu aus den Blüten schütteln oder in ein anderes Versteck locken (z. B. einen mit Stroh gefüllten Blumentopf, der auf einem Stock in der Nähe der Pflanze steht). |
|  Schwertlilien (*Iris*, Foto), Glockenblumen *(Campanula)*, Taglilien *(Hemerocallis)* und andere | Einstiche oder Wunden an Fruchtknoten, oft von klebriger, weißlicher oder bräunlicher Substanz verschlossen. Andere Blütenteile z. T. angenagt. | **Eiablage verschiedener Insekten** In erster Linie verschiedene, oft auf bestimmte Pflanzen spezialisierte Rüsselkäfer, z. B. Glockenblumenrüssler *(Miarus)*, Irisrüssler *(Mononychus punctumalbum)*. Sie legen ihre Eier in die Fruchtknoten und fressen an den Blüten. | Der Schaden hält sich meist in Grenzen, deshalb möglichst im Sinne der Förderung der Biodiversität von einer Bekämpfung absehen. Für andere Pflanzen stellen die spezialisierten Arten keine Gefahr dar. |
|  Rosen *(Rosa)*, Chrysanthemen *(Chrysanthemum)*, Margeriten (Foto: Wiesen-Margerite, *Leucanthemum vulgare*), Stiefmütterchen *(Viola)*, Verbenen *(Verbena)*, Fleißiges Lieschen *(Impatiens walleriana)*, Gerbera (*Gerbera* x *hybrida*), Erdbeere *(Fragaria)*, Gurke *(Cucumis sativus)*, Paprika *(Capsicum annuum)* und viele weitere Pflanzenarten | Deformierte Blüten mit Saugschäden (silbrig glänzende Sprenkel durch kollabierte Zellen), Abfallen der Blüten, braunschwarze Kottröpfchen, winzige stiftförmige Insekten. | **Blütenthrips** Besonders häufig: Kalifornischer Blütenthrips *(Frankliniella occidentalis)*. Das etwa 1,5 mm große Insekt ist gelblich bis bräunlich gefärbt, lang gestreckt und besitzt gefranste Flügel. Es saugt an Zellen von Blütenblättern, Staubblättern und Griffel, Laubblättern, aber auch Samen, Früchten in Gewächshäusern und im Sommer auch im Freien. Außerdem ernährt es sich auch von Pollen. Unter optimalen Bedingungen bei 25 °C dauert die Entwicklung nur 16 Tage. | Befallene Pflanzen oder Pflanzenteile entfernen. Es gibt auch Nützlinge (Raubmilben), mit denen eine biologische Bekämpfung besonders im Gewächshaus möglich ist. |

| BETROFFENE PFANZEN | MERKMALE | URSACHE | MASSNAHMEN |
|---|---|---|---|
|  ingelblume (*Calendu-a officinalis*, Foto) und inige andere Korbblütler vie Purpur-Sonnenhut *Echinacea purpurea)*, ber auch Arten anderer flanzenfamilien wie iliengewächse und oldenblütler | In unterschiedlicher Weise veränderte Blüten oder Blütenkörbchen wie z. B. mehr oder weniger vergrünte Körbchen mit verkümmerten Blüten oder verkümmerten Blattstrukturen anstelle von Blüten, durchwachsene Blütenkörbchen, ungewöhnliche Verwachsungen. | **Vergilbung der Korbblütler** durch zellwandlose Bakterien: *Candidatus Phytoplasma asteris*. Die Bakterien werden von saugenden Insekten, besonders Kleinzikaden, übertragen. Je nachdem, in welchem Stadium sich die Blütenbildung der Pflanze zur Zeit der Infektion befindet, treten unterschiedliche Veränderungen auf. Dabei beeinflusst der Erreger bestimmte Gene in seinem Wirt. | Keine Bekämpfung möglich. Befallene Pflanzen vernichten, um Übertragung auf andere Pflanzen zu verhindern. Nicht im Kompost entsorgen. |
|  eifenkraut *(Saponaria officinalis)*, Weiße Lichtnelke (*Silene latifolia*, oto), Rote Lichtnelke *Silene dioica)* und andere Nelkengewächse | Staubblätter setzen statt gelbem (oder arttypisch gefärbtem) Pollen schwarzviolettes Sporenpulver frei. Blüten öffnen sich, die Kronblätter sind aber durch das Sporenpulver meist schmutzig. | **Blütenbrand** Brandpilze (*Ustilago violacea* bzw. *Microbotryum violacea*). Die Sporen werden von blütenbesuchenden Insekten auf die Narben weiterer Blüten übertragen. Die Pilzfäden wachsen in der Pflanze zunächst ohne Symptome. Erst wenn die Pflanze Blüten bildet, entwickelt der Pilz seine Brandsporen in den Staubbeuteln. | Bei einer befallenen Pflanze sind alle Blüten infiziert und die Pflanze ist auch in den Folgejahren betroffen. Stört der Eindruck sehr, bleibt nichts anderes übrig, als betroffene Individuen zu entfernen. |
|  esonders bei Königskerzen *(Verbascum)*, Beinwell *Symphytum)*, Hornklee *Lotus*, Foto),Taglilien *Hemerocallis)* und Gamander *(Teucrium)* | Blütenknospen blasig angeschwollen, sich nicht öffnend. Innen mit meist einer gelblichen oder bräunlichen Mückenlarve bzw. Puppe oder mit einer Wanze (nur bei Gamander). Innenwand manchmal mit anfangs hellen, später dunkelgrauen bis schwärzlichen Pilzfäden ausgekleidet. | **Blütengallen** Auf die jeweilige Pflanzengattung oder Pflanzenart spezialisierte Gallmücken oder Wanzen verursachen eine Wachstumsveränderung der Blütenknospen zu Gallen. Die Larven entwickeln sich im Innern der Galle. | Für die Biodiversität sind diese Insekten schützenswert. Wen es jedoch sehr stört, kann befallene Blüten entfernen. Durch die Spezialisierung der Gallenerreger besteht jedoch keine Gefahr für Pflanzen anderer Gattungen. |

| BETROFFENE PFANZEN | MERKMALE | URSACHE | MASSNAHMEN |
|---|---|---|---|
| <br>Natternkopf *(Echium)*, Korbblütler wie z. B. Sonnenhüte (*Echinacea, Rudbeckia*: Foto), Löwenzahn *(Taraxacum)*, Gänseblümchen *(Bellis perennis)*, Hahnenkamm-Silber-Brandschopf (*Celosia argentea* Cristata Group) | Bei Natternkopf: Gesamter Blütenstand deformiert und vergrünt, sehr haarig, die Einzelblüten verlaubt.<br>Bei Korbblütlern: Stängel unter dem Blütenkörbchen verbreitert und deformiert, Körbchen nicht rund, sondern Einzelblüten um eine Längslinie angeordnet, wirkt wie ein siamesischer Mehrling.<br>Bei *Celosia*: Die unzähligen Einzelblüten stehen in kammartigen oder fedrigen Blütenständen. | **Verbänderung**<br>Zellen an den Triebspitzen wurden angeregt, sich bevorzugt in zwei Richtungen zu teilen. Für die Wachstumsanomalien kommen verschiedene Ursachen in Frage, z. B. spontane Mutation, Bakterien, Pilze, Viren, ionisierende Strahlung, Herbizide.<br>Bei Natternkopf: Natternkopf-Gallmilbe *(Aceria echii)*.<br>Bei Silber-Brandschopf: genetisch bedingt und damit vererbbar. | Kuriosum.<br>Keine Maßnahmen erforderlich. Die Veränderung ist oft eine gewünschte, optisch reizvolle Eigenschaft. |
| <br>Fingerhut (*Digitalis*, Foto), Leinkraut *(Linaria)*, Garten-Löwenmaul *(Antirrhinum majus)*, Rittersporn *(Delphinium)* und andere | Anstelle einer bilateralen Blüte entsteht eine oft stark vergrößerte, mehr oder weniger radiärsymmetrische Blüte.<br>Im Vergleich zur ursprünglichen Blüte sind Teile vermehrt, z. B. mehr Staubblätter bei Fingerhut, fünf Sporne statt einem bei Leinkraut. | **Pelorie**<br>Oft als Gipfelblüte an Blütenständen, die gewöhnlich keine endständige Blüte haben, wie Fingerhut.<br>Es handelt sich um spontane Mutationen. Ihre Ausprägung ist instabil, bei derselben Pflanze können sich die nächsten Blüten normal entwickeln. Pelorien gelten als Rückentwicklung bestimmter Merkmale zur ursprünglichen Form (Atavismus). | Kuriosum.<br>Freuen Sie sich, wenn Sie so etwas im Garten haben |

ORGANE DER PFLANZE

# SAMEN UND FRÜCHTE

Nach der Blüte entwickeln sich die Fruchtknoten zu Früchten weiter. In ihrem Innern wachsen einer oder viele Samen heran, die der sexuellen Fortpflanzung der Pflanzen dienen.

# DER GRUNDBAUPLAN

## SAMEN

Bei bedecktsamigen Pflanzen entwickelt sich nach der doppelten Befruchtung (siehe S. 88) aus der befruchteten Eizelle ein **Embryo**. An diesem bilden sich an einem Pol **Keimblätter** (Kotyledonen) und eine **Sprossknospe** (Plumula) mit dem Sprossmeristem und ersten Blattanlagen. Am entgegengesetzten Pol entsteht eine Wurzelanlage, die **Keimwurzel** (Radicula). Aus dem anderen Produkt der doppelten Befruchtung, dem triploiden Endospermkern, wächst ein **sekundäres Endosperm** als Nährgewebe für den Embryo heran. Gleichzeitig bildet sich aus der Schutzhülle der Samenanlage eine **Samenschale**.
Der Same ist mit dem **Samenstielchen** (Funiculus) mit der Fruchtwand verbunden. Bei dem **Samennabel** (Hilum) handelt es sich um die Stelle, an der sich das Samenstielchen vom Samen löst. Er ist am abgelösten Samen als je nach Pflanzenart unterschiedlich geformter, meist heller Fleck sichtbar. Bei Rosskastanie *(Aesculus)* und Herzsame *(Cardiospermum halicacabum)* fällt er besonders stark auf.

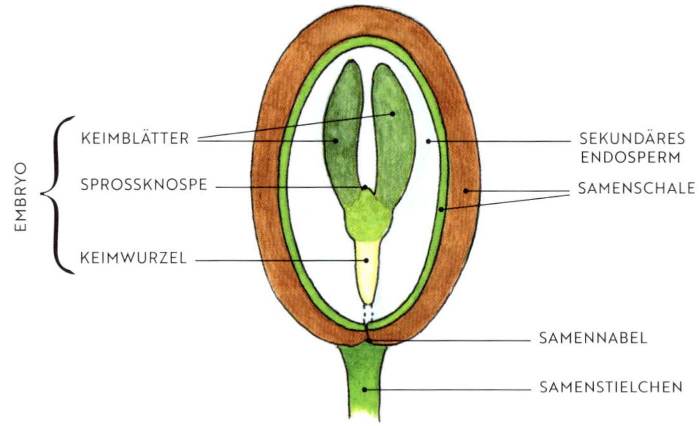

Aufpräparierter Same der Feuer-Bohne
*(Phaseolus coccineus)*

Herzsame

Je nachdem, wie und wie weit sich der Embryo im Samen entwickelt, können reife Samen im Innern sehr unterschiedlich aussehen. In den Samen vieler Pflanzen speichern sowohl Endosperm als auch Keimblätter Nährstoffe. Bei Bohnen *(Phaseolus)*, Erbsen *(Pisum)* und anderen Hülsenfrüchtlern (Fabaceae) dagegen verbraucht der mächtig wachsende Embryo das gesamte Endosperm. Stattdessen lagert er Reservestoffe in zwei dicke Keimblätter ein, mit denen er die ganze Samenschale ausfüllt. Präpariert man einen solchen Samen auf, lassen sich die Keimblätter auseinanderklappen. Zwischen ihnen klemmt der embryonale Spross mit Keimwurzel, Sprossknospe und den winzigen Anlagen der ersten Laubblätter. Einkeimblättrige Pflanzen wie Gräser oder auch die Kokosnuss *(Cocos nucifera)* zeigen das andere Extrem: Bei ihnen entwickelt sich das Endosperm sehr stark, während der Embryo klein bleibt. Bei der Kokosnuss besteht das Endosperm aus dem weißen Fruchtfleisch und dem flüssigen Kokoswasser. Bei Getreidekörnern wie Weizen oder Mais enthält das Innere des Endosperms reichlich Stärke, seine äußerste Schicht, die Aleuronschicht, dagegen Eiweiße.

Bei Pfaffenhütchen *(Euonymus)* wächst aus einem Ring um das Samenstielchen ein fleischiger, auffallend gefärbter **Samenmantel** (Arillus), der den Samen mehr oder weniger einhüllt. Auch bei dem schmackhaften, weißen «Fruchtfleisch» der Litchi *(Litchi chinensis)* und der essbaren schleimigen Hülle um die Samen der Maracuja *(Passiflora edulis)* handelt es sich um solche Samenmäntel.

Breitblättriges Pfaffenhütchen
*(Euonymus latifolius)*

# FRÜCHTE

Die Samen der Bedecktsamer bleiben meist im Fruchtknoten eingeschlossen, bis sie reif sind und die Samenruhe begonnen hat. Der Fruchtknoten mit den Samen wird damit zur Frucht. Wenn er sich weiterentwickelt, entsteht aus der Wand des Fruchtknotens die **Fruchtwand** (Perikarp). Bei ihr lassen sich drei Schichten unterscheiden. Die äußerste Schicht wird als **Exokarp**, die mittlere als **Mesokarp** und die innere als **Endokarp** bezeichnet. Je nachdem, aus wie vielen Fruchtblättern die Frucht entstanden ist, wie sich die einzelnen Schichten der Fruchtwand entwickeln und wie sich diese an der reifen Frucht verhalten, lassen sich verschiedene Fruchttypen unterscheiden. Bei vielen höher entwickelten Pflanzen beteiligt sich nicht nur der Fruchtknoten an der Bildung der Frucht, sondern es können andere Teile der Blüte mit einbezogen sein. Besonders bei unterständigen Fruchtknoten (siehe S. 87) ist häufig die Blütenachse Teil der Frucht.

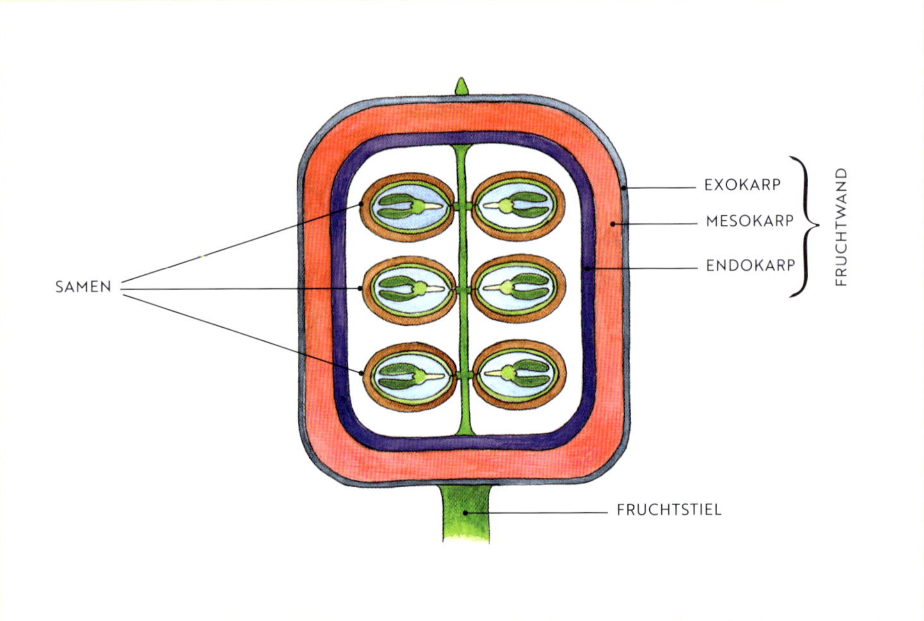

## UND BEI NACKTSAMIGEN PFLANZEN?

Hier entsteht der Same nach der einfachen Befruchtung der Eizelle (siehe S. 90). Bei Ginkgo *(Ginkgo biloba)* ist der Same vollkommen ungeschützt und erinnert an eine Mirabelle. Das fleischige Gewebe ist jedoch keine Fruchtwand, sondern die äußere Samenschale. Der harte Kern entsteht aus der inneren Samenschale. Bei Eiben *(Taxus)* umwallt mit fortschreitender Reife ein rot werdender Samenmantel den Samen. Er schließt diesen jedoch nicht vollständig ein. Bei Fichten *(Picea)*, Tannen *(Abies)*, Kiefern *(Pinus)* und anderen Nadelgehölzen wachsen die Samen in **Zapfen** heran. Diese Zapfen verholzen zum Teil oder sind mit Harzen verklebt. So können die Samen auch bei diesen nacktsamigen Gewächsen recht gut geschützt im Verborgenen heranwachsen. Erst wenn sie reif sind – oder noch später – öffnen sich die Zapfen.

Ginkgo

Europäische Eibe *(Taxus baccata)*

# DIE GRUNDFUNKTIONEN

## DER NACHWUCHS – ZUR RUHE GEBETTET

Mit Samen vermehren sich Pflanzen auf geschlechtliche Weise und sorgen damit für eine genetische Vielfalt ihrer Nachkommen. Doch damit ist die Aufgabe eines Samens noch nicht abgeschlossen: In den meisten Fällen keimt er nicht sofort aus, sondern verharrt in einem Zustand der Samenruhe. Dazu verliert er beim Reifen Wasser, sodass sich alle Lebensvorgänge im Innern auf ein Minimum reduzieren – vergleichbar mit dem Winterschlaf mancher Säugetiere. In diesem Stadium widerstehen Samen schädigenden Umgebungseinflüssen wie Hitze, Kälte oder Giften besonders gut. Die so geschützten Samen dienen dazu, den Nachwuchs weg vom Standort der Mutterpflanze an neue Orte zu verbreiten. Damit dies möglichst gut gelingt, sind sie – oder die Früchte, in denen sie herangewachsen sind – häufig mit Hilfsmitteln ausgerüstet.

Elfenspiegel *(Nemesia strumosa)*: Samen

Hybrid-Spaltblume (*Schizanthus* x *wisetonensis*): Samen

## FRÜCHTE – SCHUTZ UND VERBREITUNG

Die Fruchtwand bildet eine zusätzliche schützende Hülle um den oder die heranreifenden Samen. Außerdem spielt sie in den meisten Fällen eine wichtige Rolle bei der Samenverbreitung: Sie kann mit Form, Farbe, Geschmack und Geruch Tiere anlocken, die das Fruchtfleisch – oft mitsamt den Samen – verschlingen und die unverdauten Samen ausscheiden.
In anderen Fällen ist die Fruchtwand zu besonderen Flugeinrichtungen umgebildet oder trägt entsprechende Anhängsel. Wenn viele Samen in einer Frucht zusammengepackt sind und als Einheit verbreitet werden, spart sich die Pflanze den Aufwand, jeden einzelnen Samen mit entsprechenden Hilfsmitteln auszurüsten. Bei fleischigen Früchten kann so zum Beispiel ein Vogel mit einer Frucht eine ganze Menge Samen auf einmal schlucken und nach der Darmpassage mit dem Kot abgeben.

Die Steinfrüchte des Gewöhnlichen Schneeballs *(Viburnum opulus)* hängen oft über den Winter am Zweig.

## DAS WACHSTUM VON SAMEN UND FRÜCHTEN

Sobald ein Pollenkorn eine Samenanlage befruchtet hat, kann sich aus dieser ein Same entwickeln – jede Samenanlage benötigt dabei ein eigenes Pollenkorn.
Doch meist verändert sich die Blüte schon davor, sobald der Pollen die Narbe bestäubt hat: Alle nicht mehr benötigten Blütenteile schrumpfen ein. Dazu gehören je nach Pflanzenart Kelchblätter, Kronblätter, Staubblätter und Griffel – sie vertrocknen und fallen schließlich ab. Einfacher gesagt: Die Blüte verwelkt. Der Fruchtknoten beginnt sich zu einem Fruchtansatz zu entwickeln und wird dabei größer und dicker. Manchmal geschieht dies sogar, wenn artfremder Pollen auf der Narbe landete, denn der Prozess wird durch von der Pflanze gebildete Pflanzenhormone, vor allem Auxin, angestoßen. Diese sind in allen Pollen vorhanden. Doch nur mit dem arteigenen Pollen können die Früchte wachsen und reifen: Nach der Befruchtung übernehmen bei den meisten Früchten die sich entwickelnden Samen die Bildung von Pflanzenhormonen. Die Frucht reift parallel zu den Samen. Dies lässt sich zum Beispiel beim Apfel gut beobachten: Während die Kerne – die Samen – im grünen, sauren, unreifen Apfel noch weiß sind, färben sie sich mit zunehmender Fruchtreife immer dunkler.

Unreife Frucht der Jungfer im Grünen *(Nigella damascena)*

Blüten verwelken natürlich auch, wenn sie überhaupt nicht bestäubt und befruchtet wurden. In diesem Fall gehen mit den übrigen Blütenteilen gleich auch Fruchtknoten und Blütenstängel zugrunde. Nach welcher Zeit dies passiert, ist von der Pflanzenart und von den jeweiligen Umweltbedingungen abhängig – die Pflanze wartet und «hofft» so lange, wie es die Umstände zulassen.

## ES GEHT AUCH ANDERS

Bei nacktsamigen Pflanzen wie Nadelgehölzen und Ginkgo *(Ginkgo biloba)* kann zwischen Bestäubung und Befruchtung ein Zeitraum von mehreren Monaten liegen. Ihre Samen mit Nährgewebe für den potenziellen Embryo wachsen zwischenzeitlich trotzdem heran – prophylaktisch. Dies ist so, als ob eine Frau in der Gebärmutter eine Plazenta entwickeln würde, ohne zu wissen, ob überhaupt eine Eizelle befruchtet ist. Klappt es mit der Befruchtung nicht, ist die Energie umsonst aufgewandt – eine Verschwendung, auf die die Evolution im Laufe der Höherentwicklung der Pflanzen verzichtet hat.

### VERGEBLICHE LIEBESMÜHE

Ein weiblicher Ginkgo bildet – wenn er das entsprechende Alter erreicht hat – immer pro Blüte einen Samen. Dieser entwickelt sich auch ohne Bestäubung und fällt meist zu Boden, noch bevor eine Befruchtung stattgefunden hat. Keimfähig wird er jedoch nur, wenn ein männlicher Baum in der Nähe war, von dem ein Pollenkorn während der Blütezeit auf die Mikropyle der Samenanlage geweht und in deren Inneres eingezogen wurde.

# VON FRÜCHTEN UND FRÜCHTCHEN

Früchte halten manche Überraschung bereit, das fängt schon rein sprachlich an: Was eine botanische Fachperson unter einem bestimmten Fruchttyp versteht, hat in vielen Fällen nichts damit zu tun, wie wir die entsprechende Frucht im allgemeinen Sprachgebrauch bezeichnen oder im Laden kaufen. So stellen wir uns unter Beeren gewöhnlich relativ kleine, aber schmackhafte, saftige Früchte vor wie Erdbeeren, Himbeeren, Heidelbeeren oder Johannisbeeren. Nur die letzten beiden sind jedoch auch in der Botanik Beeren. Dafür zählen aus botanischer Sicht Weintrauben, Tomaten und Paprika in diese Gruppe – und auch die größten Früchte des gesamten Pflanzenreichs: Kürbisse mit einem Gewicht bis über 100 kg.

Steirischer Öl-Kürbis (*Cucurbita pepo* var. *styriaca*)

Eine Blüte mit nur einem oder mehreren verwachsenen Fruchtblättern besitzt einen einzigen Fruchtknoten, aus dem nach der Befruchtung eine einzige **Frucht** heranwächst. Hat eine Blüte jedoch mehrere oder viele freie, nicht miteinander zu einer Einheit verwachsene Fruchtblätter, also auch viele kleine Fruchtknoten, kann sich aus jedem einzelnen Fruchtknoten ein **Früchtchen** entwickeln. Bei Kuhschellen *(Pulsatilla)* und Nelkenwurzen *(Geum)* bleiben diese frei und verbreiten sich unabhängig voneinander. Bei anderen dagegen lagern sie sich zusammen und werden gemeinsam als **Sammelfrucht** verbreitet.

Früchtchen der Gewöhnlichen Kuhschelle *(Pulsatilla vulgaris)*

Botanische Fachpersonen ordnen die Früchte entsprechend ihrem Aufbau. Es geht dabei in erster Linie darum, wie die drei Fruchtwände ausgeprägt sind und wie sich die reife Frucht verhält – ob sie geschlossen bleibt oder sich öffnet.

Die folgende Übersicht gibt einen Einblick in die daraus entstehende Vielfalt der Früchte:

## SCHLIESSFRÜCHTE

Die Samen bleiben nach der Reife und bis zur Verbreitung von der Fruchtwand eingeschlossen:

### Beere

Bei diesem Fruchttyp werden alle drei Schichten der Fruchtwand fleischig und umschließen meist mehrere Samen. Die Samenschalen werden zum Schutz des Embryos oft sehr hart. Weil bei Kürbissen und Melonen die Fruchtwand außen ziemlich fest wird, handelt es sich bei diesen Früchten um Panzerbeeren.

Beispiele:
Johannisbeere *(Ribes)*, Weintraube *(Vitis vinifera)*, Tomate *(Solanum lycopersicum)*, Gurke *(Cucumis sativus)*, Zuckermelone (*Cucumis melo*, Panzerbeere), Kürbis (*Cucurbita*, Panzerbeere)

Rote Johannisbeere *(Ribes rubrum)*

### Steinfrucht

Hier übernimmt das harte Endokarp den Schutz des Embryos. Das Mesokarp wird fleischig und häufig saftig, das Exokarp bildet eine dünne Haut. Meist enthalten Steinfrüchte nur einen Samen mit einer dünnen Samenschale.

Beispiele:
Pflaume *(Prunus domestica)*, Aprikose *(Prunus armeniaca)*, Pfirsich *(Prunus persica)*, Mandel *(Prunus amygdalus)*

Mirabelle (*Prunus domestica* subsp. *syriaca*)

### Nuss

In diesem Fall werden alle drei Schichten der Fruchtwand holzig oder sehr ledrig. Häufig verwächst die Fruchtwand zusätzlich mit der Samenschale. Bei Gräsern heißt die Frucht dann Karyopse, bei Korbblütlern (Asteraceae) Achäne, bei Doldenblütlern (Apiaceae) Doppelachäne.

Beispiele:
Hasel *(Corylus)*, Eiche *(Quercus)*, Weizen (*Triticum*, Karyopse), Sonnenblume (*Helianthus annuus*, Achäne), Löwenzahn (*Taraxacum*, Achäne), Möhre (*Daucus carota*, Doppelachäne)

Gewöhnliche Hasel *(Corylus avellana)*

## ÖFFNUNGS- BZW. STREUFRÜCHTE

Die Fruchtwand trocknet zur Fruchtreife ein, öffnet sich und entlässt die reifen Samen:

### Balg

Eine solche Frucht entsteht aus einem einzigen Fruchtblatt und öffnet sich an der Bauchnaht – der Naht, an der die Ränder des Fruchtblatts miteinander verwachsen sind. Gemäß der Anzahl der Fruchtknoten in einer Blüte kann sich eine entsprechende Anzahl Bälge entwickeln.

Beispiele:
Ackerrittersporn *(Consolida regalis)*, Rittersporn *(Delphinium)*, Akelei *(Aquilegia)*, Winterling *(Eranthis hyemalis)*, Trollblume *(Trollius)*, Pfingstrose *(Paeonia)*

Winterling

### Hülse

Sie unterscheidet sich von einer Balgfrucht dadurch, dass sie sich entlang einer Bauch- und einer Rückennaht öffnet. Dieser Fruchttyp ist typisch für Hülsenfrüchtler (Fabaceae). Da diese nur ein Fruchtblatt in jeder Blüte haben, entwickelt sich pro Blüte nur eine Hülse.

Beispiele:
Bohne *(Phaseolus)*, Erbse *(Pisum)*, Soja *(Glycine max)*, Goldregen *(Laburnum)*

Soja

### Kapsel

Eine solche Frucht entwickelt sich aus einem Fruchtknoten, der aus mehreren Fruchtblättern verwachsen ist. Sie kann sich bei Reife auf verschiedene Weise, zum Beispiel mit Poren, Deckeln oder Spalten, öffnen.

Beispiele:
Mohn *(Papaver)*, Löwenmaul *(Antirrhinum)*, Stiefmütterchen *(Viola)*, Tulpe *(Tulipa)*, Jungfer im Grünen *(Nigella damascena)*

Rote Lichtnelke *(Silene dioica)*

## SAMMELFRÜCHTE

Aus einer Blüte entstehen viele kleine Früchtchen, die gemeinsam verbreitet werden:

### Sammelnussfrucht

Viele kleine Nüsschen sind mit der Blütenachse vereint. Dabei können sie außen auf der fleischig werdenden Achse sitzen oder in diese eingeschlossen sein.

Beispiele:
Erdbeere *(Fragaria)*, Rose (*Rosa*, Hagebutte)

Wald-Erdbeere *(Fragaria vesca)*

### Sammelsteinfrucht

Viele kleine Steinfrüchtchen sind zu einer Einheit zusammengelagert.

Beispiele:
Himbeere *(Rubus idaeus)*, Brombeere (*Rubus fruticosus* agg.)

Himbeere

### Apfelfrucht

Mehrere, meist fünf Balgfrüchte sind in das Achsengewebe des Sprosses eingesenkt. Sie bilden das «Kerngehäuse» in der Apfelfrucht.

Beispiele:
Apfel *(Malus)*, Birne *(Pyrus)*, Quitte *(Cydonia)*

Blut-Apfel (*Malus pumila* 'Niedzwetzkyana')

Auf der Außenhaut einer Apfelfrucht – der äußeren Schicht des Sprosses – sind häufig Korkwarzen des Achsengewebes zu sehen.

## TAUBE FRÜCHTE

Bei manchen Pflanzen können sich Früchte ohne Samen oder ohne keimfähige Samen entwickeln. Sie wachsen entweder ganz ohne Bestäubung heran oder die Samenanlagen verkümmern erst nach der Bestäubung. Es gibt sogar Fälle, wie bei kernlosen Weintrauben *(Vitis vinifera)*, bei denen die Embryonen in den Samen erst nach der Befruchtung absterben.

Manchmal tritt eine solche **Jungfernfrüchtigkeit** (Parthenokarpie) spontan oder durch äußere Reize wie Frost oder Hitze auf oder ist sortenspezifisch. Im Obstbau gilt dies für Sorten von Weintrauben, Kaki *(Diospyros kaki)*, Äpfeln *(Malus domestica)*, Birnen *(Pyrus communis)*, Feigen *(Ficus carica)*, Zitrusfrüchten *(Citrus)*, Ananas *(Ananas comosus)* und Bananen (*Musa × paradisiaca*). Bei Tomate *(Solanum lycopersicum)*, Gurke *(Cucumis sativus)*, Aubergine *(Solanum melongena)* und einigen anderen Obst- und Gemüsearten lässt sie sich auch künstlich auslösen, wenn man die Narben der Blüten mit natürlichen oder synthetischen Auxinen behandelt. Erwerbsgärtnereien schätzen dies, da sie so nicht nur kernlose Früchte erhalten, sondern auch deren Reife synchronisieren können.

## ENERGIEBOMBEN

Früchte, die bei ihrer Verbreitung auf Tiere setzen, müssen diese für ihre Dienste belohnen – so wie es die Blüten für die Bestäuber ebenfalls tun müssen. Im ungünstigsten Fall fressen die Besucher die nahrhaften Samen. Diese sind je nach Pflanze mit Ölen, Fetten, Eiweißen, Stärke oder Zucker vollgepackt und damit nicht nur eine gute Energiequelle für den Embryo, sondern auch lohnende Energiehappen für Tiere. So fallen Schwärme von Vögeln in fruchtende Sonnenblumenfelder ein, Distelfinken *(Carduelis carduelis)* picken Früchte von Disteln *(Carduus, Cirsium)*, Wilder Karde *(Dipsacus fullonum)* und Gartenblumen wie Schmuckkörbchen *(Cosmos bipinnatus)* oder Berg-Flockenblume *(Centaurea montana)*. Mäuse ernten Getreidekörner und nagen an Nüssen aller Art. Die von den Tieren vertilgten Samen sind für die Pflanze verloren. Pflanzen, die solche Opfer bringen, produzieren deshalb Samen und Früchte im Überfluss und bauen darauf, dass Tiere beim Zerhacken und Zerlegen von Fruchtständen genügend Samen verstreuen und verlieren. Dank der Vergesslichkeit von Eichhörnchen & Co. bleiben auch bei Hasel und Walnuss genügend Nüsse übrig, um deren Nachwuchs sicherzustellen.

### DER IRRTUM DER FACHLEUTE

Jahrzehntelang bezeichneten Botaniker und Botanikerinnen die Früchte der Echten Walnuss *(Juglans regia)* als Steinfrüchte. Sie verglichen ihren Aufbau mit Pfirsichen. Deshalb meinten sie, das Grüne sei Fruchtfleisch und die harte Schale sei ein Steinkern – analog jenem des Pfirsichs. Erst vor wenigen Jahren wiesen Forschende nach, dass die Walnuss auch botanisch eine Nuss ist: Ihre grüne Hülle entsteht nicht aus dem Fruchtknoten, sondern aus gestauchtem Sprossgewebe. Eichen und Buchen bilden ähnliche schützende Hüllen um ihre Eicheln bzw. Bucheckern.

Die tierischen Gärtner haben sie meist so gut eingebuddelt, dass sie gleich einen optimalen Keimplatz haben.

Eichhörnchen *(Sciurus vulgaris)* mit Fichtenzapfen *(Picea abies)*

Distelfink auf Wilder Karde

## ABLENKUNGS-MANÖVER

Für eine Pflanze bedeutet es nicht nur den Verlust eines Embryos, wenn ein Same gefressen wird, sie hat ihn auch mit hohem Aufwand mit Nährstoffen ausgestattet. Besonders Eiweiße sind für sie sehr wertvoll, da sie für deren Bausteine Stickstoff benötigt. Diesen Nährstoff muss sie über ihre Wurzeln aufnehmen und er steht ihr nur begrenzt zur Verfügung (siehe S. 164). Zucker und Stärke dagegen kann sie im Überfluss über die Fotosynthese gewinnen. Im Verlauf der Evolution haben viele Pflanzen deshalb ihr Angebot geändert und einige Tricks entwickelt.

### ZUBROT

Stiefmütterchen und Veilchen *(Viola)*, Schneeglöckchen *(Galanthus)*, Lerchensporn *(Corydalis)*, Leberblümchen *(Hepatica nobilis)*, Rizinus *(Ricinus communis)*, Borretsch *(Borago officinalis)* und einige andere Pflanzen locken die Tiere, denen sie ihre Samen anvertrauen, mit einem öl-, fett-, zucker- oder eiweißreichem Anhängsel an ihren Samen oder Früchten. Ameisen lieben diese **Fresskörperchen** (Elaiosomen) und verfüttern sie vor allem als Babynahrung an ihre Larven. Ist es gefressen, können die Ameisen mit dem Rest nichts mehr anfangen: Die widerstandsfähige Samen- oder Fruchtwand schützt den Samen davor, auch gefressen zu werden – er ist also Abfall. Für solchen Müll haben Ameisen spezielle Abfallkammern oder sie werfen ihn einfach aus dem Nest. So sorgen sie dafür, dass die Samen wenigstens einige Meter von der Mutterpflanze wegkommen und an einen nährstoffreichen Standort gelangen.

Hohler Lerchensporn *(Corydalis cava)*

Ringeltaube *(Columba palumbus)* an Kupfer-Felsenbirne *(Amelanchier lamarckii)*

## VON SAUREM GRÜN ZU SÜSSEM ROT

Eine Vielzahl von Pflanzen verköstigt ihre tierischen Samenverbreiter mit süßem, zuckerhaltigem Gewebe. Dieses kann aus der Samenschale entstehen wie bei Magnolien *(Magnolia)* oder als Samenmantel ausgebildet sein wie bei Pfaffenhütchen *(Euonymus)* oder Eiben *(Taxus)*. Bei Beeren, Steinfrüchten und Sammelnussfrüchten stammt das schmackhafte Gewebe aus der Fruchtwand oder dem Blütenboden. Bei Heidelbeeren, Erdbeeren, Vogelbeeren, Felsenbirnen, Kirschen und anderen Früchten mit kleinen Samen in einer Beere, Stein- oder Apfelfrucht verschlucken die Tiere die Samen oder Kerne beim Fressen. Dank der harten Samenschale oder der harten inneren Fruchtwand scheiden sie diese unverdaut wieder aus. In anderen Fällen, wie bei Pflaumen, fressen zumindest kleinere Tiere nur die schmackhaften Fruchtwände und verschleppen die harten Kerne.

Damit die Früchte besonders attraktiv wirken, verändern sich die Fruchtwände beim Heranreifen: Aus der Stärke entsteht Zucker, Säuren werden abgebaut. Gleichzeitig färbt sich die Frucht – sowohl durch neu gebildete Farbstoffe als auch durch den Abbau von Chlorophyll: Besonders Vögel fliegen auf den Kontrast von Rot, Gelb oder glänzendem Schwarz gegenüber dem Grün der Umgebung. Außerdem lockern sich die Zellwände auf, sodass weiches Fruchtfleisch entsteht. Die Pflanze steuert die Fruchtreife – die letztendlich eine Alterung der Frucht ist – durch verschiedene Enzyme. Um diese zu aktivieren, bildet sie als Pflanzenhormon das farb- und geruchlose Gas Ethylen.

Steinkerne von Süß-Kirsche *(Prunus avium)*, mit Kot ausgeschieden

### ROT UND TAUB

In den Bälgen von vielen Pfingstrosen (Foto: Korallen-Pfingstrose, *Paeonia mascula*) wachsen sowohl rote, weiche als auch schwarze, pralle Samen heran. Nur aus den schwarzen Samen kann sich ein Keimling entwickeln. Die roten Samen sind taub. Die Pflanze lockt mit ihnen Vögel an und verköstigt sie. Beim Bearbeiten der Früchte spritzen dann die schwarzen Samen weg. Für ihren weiteren Transport sorgen Ameisen.

## REIF DANK GAS

Viele Früchte steigern während des Reifeprozesses auch ihre Atmung sehr stark. Sie nehmen also besonders viel Sauerstoff auf und geben Kohlendioxid ab. Fachleute bezeichnen dies als **Klimakterium** der Früchte. Solche Früchte reagieren beim Reifen nicht nur auf das selbst gebildete, in ihnen vorliegende Ethylen, sondern auch auf solches ihrer Umgebung: Sie nehmen es auf und stoßen damit die Eigenproduktion von Ethylen weiter an. Anschließend geben sie das Gas an die Umgebung ab und können so andere Früchte stimulieren – nicht nur der eigenen Art.

Zu diesen klimakterischen Früchten gehören Äpfel, Aprikosen, Avocados, Bananen, Birnen, Honigmelonen, Kakis, Kiwis, Mangos, Mirabellen, Nektarinen, Pfirsiche, Pflaumen, Tomaten und Wassermelonen. Sie alle können vor der vollen Reife gepflückt werden. Allerdings müssen sie eine Mindestreife (Pflückreife) erreicht haben, damit der Reifeprozess weiterläuft. Nach der Ernte gelagert werden sie weicher und süßer.

Nicht nachreifende – **nicht klimakterische** – Früchte dagegen reagieren nicht auf Ethylen aus der Umgebung. Sie müssen bei der Ernte vollreif sein. Bei ihnen entspricht die Pflückreife der Genussreife. Hierher gehören Erdbeeren, Brombeeren, Himbeeren, Johannisbeeren, Kirschen, Zitrusfrüchte, Weintrauben, Auberginen und Gurken. Liegen nicht nachreifende Früchte neben solchen, die nachreifen, so altert die nicht nachreifende Sorte, ohne süßer und weicher zu werden. Stattdessen verdirbt sie.

### GARTEN-TIPP

Da Ethylen auch auf Sprossachsen, Blätter und Blüten wirkt, verderben auch Salat, Weißkohl, Blumenkohl, Brokkoli und andere Blatt- und Blütengemüse rascher, wenn sie mit klimakterischen Früchten in einem Raum lagern.

### GARTEN-TIPP

Im Herbst vor dem Frost unreif geerntete Tomaten reifen am besten nach, wenn Sie diese zusammen mit Äpfeln oder Bananen lagern. Damit sich besonders viel Ethylen ansammelt, packen Sie am besten beide Sorten gemeinsam in eine Papiertüte oder decken sie mit Zeitungspapier ab. Kontrollieren Sie den Zustand der Früchte täglich.

## SCHWEBEN, SCHRAUBEN UND GLEITEN

Wind hilft nicht nur dabei, Pollen auf die Narben anderer Blüten zu bringen, sondern eignet sich auch sehr gut, um Samen zu verbreiten. Besonders Bäume, die ihre Kronen in luftige Höhen recken, und Sträucher und Kräuter offener, windausgesetzter Standorte nutzen diesen kostenlosen Transportdienst. Samen, die sich in Kapseln entwickeln, wie die von Weiden *(Salix)* und Pappeln *(Populus)*, tragen dazu Haare oder vorstehende Leisten, in denen sich der Wind verfängt. Diese leichten Gebilde können viele Hundert Meter weit weggeblasen werden. Die Samen von Trompetenbäumen *(Catalpa)* sind auf zwei, die vieler Nadelgehölze auf einer Seite zu einem Flügel verlängert.

Fruchtflügel in mannigfaltiger Art finden sich an den Flügelnüssen unzähliger bedecktsamiger Pflanzen. Oft sitzen sie einseitig an der Nuss, zum Beispiel bei Ahorn *(Acer)* und Esche *(Fraxinus)*, und drehen sich im freien Fall um die eigene Achse. Solche Schraubenflieger oder Helikopterfrüchte vermindern ihre Fallgeschwindigkeit und erhöhen die Chancen, von einer Windböe erfasst zu werden. Bei Ulmen *(Ulmus)* bilden die Flügel eine flache Scheibe. Die Achänen von Korbblütlern wie Löwenzahn *(Taraxacum)* und Bocksbart *(Tragopogon)* tragen am oberen Ende je einen raffiniert gebauten, gestielten Fallschirm, mit dem sie bei Wind weit wegschweben können. Andere Korbblütler wie Disteln oder Habichtskräuter *(Hieracium)* besitzen weniger komplizierte, aber nicht weniger effektive Haarschöpfe.

Damit der Wind seine Arbeit gut verrichten kann, sollte es trockenes Wetter sein. Deshalb öffnen sich Fruchtzapfen und Kapseln mit windverbreiteten Samen oft erst bei warmem sonnigem Wetter und schießen sich bei Feuchtigkeit. Es handelt sich hierbei um beliebig oft wiederholbare physikalische Vorgänge im abgestorbenen Gewebe. Besonders Kiefernzapfen knacken und knistern beim Austrocknen.

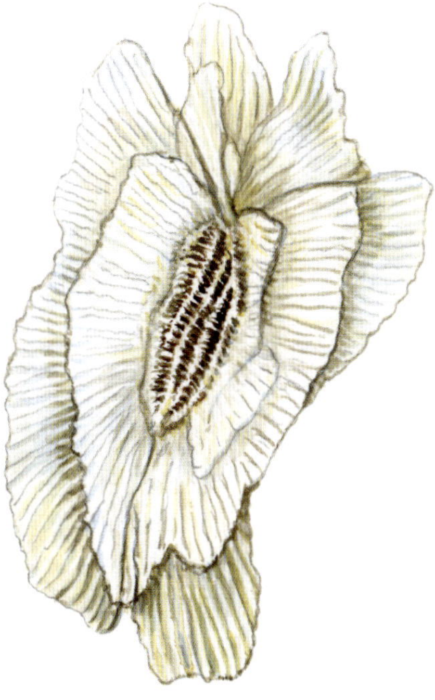

Blauglockenbaum *(Paulownia tomentosa)*: Same mit Leisten

Mandel-Weide *(Salix triandra)*: Samen mit Flughaaren

Östlicher Wiesen-Bocksbart (*Tragopogon pratensis* subsp. *orientalis*): Früchte mit Fallschirmen

Kaukasus-Skabiose *(Scabiosa caucasisca)*: Früchte mit Fallschirmen

Der Wind hat gegenüber vielen tierischen Boten den Nachteil, dass er die Samen und Flugfrüchte sehr ungezielt ablädt – eine Pflanze muss deshalb eine Menge davon produzieren, dass wenigstens einige davon an einen geeigneten Platz gelangen. Er kann aber auch zum Vorteil werden: wenn er zum Beispiel zu Haufen verhedderte haarige Samen so lange über einen Platz treibt, bis diese an der wenigen Erde einer Baumscheibe hängen bleiben und so ein Keimbeet finden.

## FLÜGELSAMEN – FLÜGELFRÜCHTE

Tannen *(Abies)* und Fichten (*Picea*, Foto links) und viele Kiefern *(Pinus)* tragen an ihren Samen einseitige Flügel, die aus der Samenschuppe entstehen. Diese Flügelsamen ähneln den Flügelnüssen von Ahorn (*Acer*, Foto rechts) und schrauben sich wie diese bei freiem Fall durch die Luft.

## SPRITZEN UND SCHLEUDERN

Pflanzen können auch selbst aktiv werden, wenn sie ihre Samen verbreiten. Bei Springkräutern *(Impatiens)* explodieren die keulenförmigen Kapselfrüchte von selbst oder bei leichter Berührung. Dabei spritzen die Samen bis zu sieben Meter weit weg. Die Kapseln von Sauerklee *(Oxalis)* blähen sich reif auf und platzen am Blütenboden. Der Rückstoß, der dabei entsteht, schleudert die Samen aus der Kapsel heraus – bis über einen Meter weit. Bei dem als Unkraut in Gärten häufigen Spring-Schaumkraut *(Cardamine impatiens)* rollen sich die beiden Klappen der Frucht blitzschnell nach außen auf. Die Samen fliegen dabei bis zu fünf Meter weit weg – sehr zum Ärger der Gärtnernden. In allen diesen Fällen sind Druckänderungen in den lebenden Zellen die treibende Kraft. Goldregen *(Laburnum)*, Ginster *(Genista, Cytisus)*, Wicken *(Vicia)* und viele andere Hülsenfrüchtler (Fabaceae), aber auch Storchschnäbel *(Geranium)* arbeiten physikalisch über Spannungsänderungen im toten Gewebe: Übersteigt die Spannung in ihren reifen,

Indisches Springkraut *(Impatiens glandulifera)*

### SONNENBRAND?

Viele Früchte, die ihre Samen ausschleudern, färben sich bei der Reife schwarz. So erhitzen sie sich in der Sonne besonders stark, trocknen dabei rasch aus und platzen auf. Damit stellen sie sicher, dass die Samen bei trockenem Wetter davonfliegen.

Besen-Ginster *(Cytisus scoparius)*

### BOHRFRÜCHTE

Die Teilfrüchte von Reiherschnabel *(Erodium)* und manchen Storchschnäbeln tragen ein langes Anhängsel (Granne). Dieses streckt sich bei Feuchtigkeit und rollt sich bei Trockenheit ein. Liegt die Teilfrucht auf dem Boden, kann sie sich so etwas fortbewegen. Hat sie Halt gefunden, bohren die Bewegungen der Granne diese allmählich in den Boden.

austrocknenden Fruchtwänden einen bestimmten Punkt, platzt die Frucht ruckartig und schleudert dabei die Samen heraus.

Bei anderen Pflanzen sorgt Regen dafür, dass Samen oder Früchtchen wegspritzen. So umgibt bei Helmkraut *(Scutellaria)*, Braunelle *(Prunella)*, Salbei *(Salvia)* und Basilikum *(Ocimum basilicum)* ein besonders geformter Kelch die Früchtchen. Fallen Regentropfen darauf, drücken diese den Kelch nach unten. Anschließend schnellt er wie ein Katapult zurück und schleudert die Früchtchen weg.

## SCHWEMMEN UND SCHWIMMEN

Bei Winterling *(Eranthis hyemalis)*, Sumpf-Dotterblume *(Caltha palustris)* und Milzkraut *(Chrysosplenium)* schwemmt Regenwasser die Samen aus den Bälgen oder Kapseln und spült sie in Bodenritzen. Teichrosen *(Nuphar)* haben schwimmfähige Samen, die im Wasser lange keimfähig bleiben und über weite Strecken transportiert werden können. Bei Froschlöffel *(Alisma)* sind es Nüsschen, die Luft in ihre Fruchtwand eingelagert haben und so schwimmen können.

Sumpf-Helmkraut *(Scutellaria galericulata)*

Wechselblättriges Milzkraut *(Chrysosplenium alternifolium)*

# VERHAKEN UND KLEBEN

Tiere können Samen nicht nur verbreiten, wenn sie Früchte fressen. Widerhaken von Klette *(Arctium)*, Kletten-Labkraut *(Galium aparine)*, Odermennig *(Agrimonia)* und Stadt-Nelkenwurz *(Geum urbanum)* bleiben im Fell von Tieren hängen, sodass die Früchte oft erst nach vielen Hundert Metern wieder abfallen. Wegeriche *(Plantago)* setzen auf klebrige Samen, ihre Samenschale verschleimt bei Nässe und bildet einen zähen Haftgrund.

Säugetiere und Vögel helfen jedoch auch bei scheinbar weniger gut ausgerüsteten Samen und Früchten. Es kann schon ausreichen, dass sie an einer Frucht vorbeistreifen: Aus offenen Kapseln von Mohn *(Papaver)*, Löwenmaul *(Antirrhinum)* und Lichtnelke *(Silene)* oder offenen Balgfrüchten von Eisenhut *(Aconitum)* und Akelei *(Aquilegia)* schütteln sie ungewollt die Samen heraus. Bei Karde *(Dipsacus)*, Zitronenmelisse *(Melissa officinalis)* und Salbei *(Salvia)* fliegen die kleinen Früchte heraus, wenn die von den Tieren umgebogenen Stängel zurückschnellen.

Stadt-Nelkenwurz *(Geum urbanum)*: Klettfrüchtchen

Gewöhnlicher Odermennig *(Agrimonia eupatoria)*: Klettfrucht

## GARTEN-TIPP

Stadt-Nelkenwurz, Kletten-Labkraut und Mittlerer Wegerich *(Plantago media)* zählen zu den lästigen Unkräutern im Garten. Sie verdanken ihre weite Verbreitung nicht zuletzt dem Menschen, der ihre Früchte in der Kleidung und an den Schuhen verschleppt. Streifen Sie deshalb bei der Gartenarbeit regelmäßig die Schuhe auf einem feuchten Tuch ab und lesen Klettfrüchte aus Ihrer Kleidung.

Hain-Klette *(Arctium nemorosum)*: fruchtendes Körbchen mit hakiger Hülle

## FRUCHTVERÄNDERUNGEN, KRANKHEITEN UND SCHÄDLINGE AN FRÜCHTEN

| BETROFFENE PFANZEN | MERKMALE | URSACHE | MASSNAHMEN |
|---|---|---|---|
|  Kernobst: Kultur-Apfel (*Malus domestica*, Foto), Kultur-Birne (*Pyrus communis*), Quitte (*Cydonia*), Steinobst: Süß- und Sauer-Kirsche (*Prunus avium, Prunus cerasus*), Pflaume (*Prunus domestica*) und Pfirsich (*Prunus persica*) | Früchte mit braunem, faulem Fleck, der rasch größer wird und die gesamte Frucht umfassen kann. Auf dem Fleck entstehen kreisrunde konzentrische Ringe mit polsterartigen, beigen Sporenlagern. Die Frucht schrumpft schließlich und kann als Fruchtmumie im Baum hängen bleiben. | **Monilia-Fruchtfäule** Schlauchpilz *Monilinia frutigena*, zum Teil auch *Monilinia laxa*, der bei Steinobst auch die Spitzendürre auslöst (siehe S. 60). Der Pilz dringt über Verletzungen oder Risse in die Früchte ein und überwintert auf abgefallenen Früchten und Fruchtmumien. | Faule und abgefallene Früchte sowie Fruchtmumien ablesen und aus dem Garten entfernen. Robuste Sorten wählen, Kronen auslichten. Apfelschorf und Apfelwickler als Ursachen für Verletzungen bekämpfen. Faulstellen großzügig ausschneiden, dann kann der Rest der Frucht gegessen werden. |
|  Pflaume, Kirschpflaume (*Prunus cerasifera*, Foto), Schlehe (*Prunus spinosa*), Aprikose (*Prunus armeniaca*) | Anstelle einer Frucht entsteht ein mehr oder weniger stark vergrößertes, schlauchförmiges, abgeflachtes, innen hohles Gebilde, das lange hängen bleibt. Auf seiner Oberfläche bildet sich ein gräulicher Reif. | **Pflaumen-Narrentasche** Schlauchpilz *Taphrina pruni*. Die Infektion erfolgt über die Fruchtknoten zur Zeit der Blüte, besonders bei kühlem, regnerischem Wetter. Der Pilz überwintert unter der Baumrinde und zwischen Knospenschuppen. | Verformte Gebilde entfernen und entsorgen. Wenig anfällige Sorten pflanzen. Vorbeugend können zugelassene Fungizide eingesetzt werden. |
|  Kultur-Apfel | Früchte mit braun-schwarzen, oft gezackten Flecken, die später – oft erst im Lager – rissig werden. Befällt auch die Blätter, diese zeigen dunkelbraune Flecken und können vergilben. | **Apfelschorf** Der Schlauchpilz *Venturia inaequalis* wird durch Wind und Regen verbreitet. Er überdauert den Winter in befallenen Blättern. | Widerstandsfähige Sorten anpflanzen. Laub im Herbst entfernen. Bäume regelmäßig schneiden, sodass die Kronen locker und gut durchlüftet sind. Befallene Äpfel sind unbedenklich und oft besonders schmackhaft. |
|  Süß- und Sauer-Kirsche | Kirschen zeigen ein kleines Einstichloch. Im Innern, in Kernnähe lebt eine kleine Larve. An reifen Früchten kann ein größeres Austrittsloch auftreten. | **Kirsch-Fruchtfliege** Bohrfliege *Rhagoletis cerasi*. Die 3–5 mm kleine Fliege legt ihre Eier einzeln in reif werdende Früchte. Die Larven fressen vom Fruchtfleisch um den Kern herum. Ausgewachsen verlassen sie die Frucht und verpuppen sich im Boden. | Gelbfallen zu Beginn der Gelbfärbung der Kirschen in den Baum hängen. Die Fliegen bleiben am Leim hängen. Kirschbäume ganz abernten, auch die verdorbenen Früchte. Diese sowie herabgefallene Früchte entsorgen. |

| BETROFFENE PFANZEN | MERKMALE | URSACHE | MASSNAHMEN |
|---|---|---|---|
|  Brombeere (*Rubus fruticosus* agg.) | Ungleich ausreifende Früchte. Alle oder einzelne Früchtchen der Sammelsteinfrucht reifen nicht oder sehr verzögert. Scheinbar reife Früchte schmecken weniger süß. | **Brombeer-Gallmilbe** Nur unter einer starken Lupe sichtbare Gallmilben *(Acalitus essigi)* saugen an Blüten und den sich entwickelnden Früchten und legen dort ihre Eier ab. Es können 8–10 Milbengenerationen im Jahr auftreten. Sie überwintern auf der Pflanze. | Befallene Sträucher im Herbst oder Winter zurückschneiden, verbliebene Früchte ablesen und entsorgen. Bei sehr starkem Befall im Frühjahr mit einem Pflanzenschutzmittel auf Rapsölbasis oder mit einem Schwefelpräparat spritzen. Befallene Früchte sind nicht giftig. |
|  Erbsen *(Pisum)*, Linsen *(Lens)*, Ackerbohne *(Vicia faba)*, Platterbsen (*Lathyrus*, Foto), Wicken *(Vicia)*, Goldregen *(Laburnum)* und andere Hülsenfrüchtler (Fabaceae) | Samen noch in der Hülse an der Pflanze mit einem Loch, im Innern der Samen je eine Larve oder eine Puppe, bei Ackerbohne auch mehrere. An reifen Samen sind die kreisrunden Schlupflöcher sichtbar. | **Samenkäfer** Zahlreiche verschiedene, auf bestimmte Pflanzenarten oder Gattungen spezialisierte Arten. Die Weibchen legen die Eier auf grüne Hülsen, die junge Larve nagt sich durch Hülsenwand und Samenschale in den Samen. Die Käfer schlüpfen meist, kurz bevor sich die Hülsen öffnen, können aber auch im Samen verbleiben und erst nach der Ernte schlüpfen. | Saatgut kontrollieren, sodass keine Käfer eingeschleppt werden. Erntereste tief in den Boden einarbeiten oder vernichten. In reifen oder geernteten Samen vermehren sich die Käfer nicht mehr. |
|  Erbsen, Platterbsen, Wicken | In der geöffneten Hülse finden sich Räupchen, Kotklümpchen und ein feines Gespinst. An reifen Hülsen sind Ausbohrlöcher sichtbar. | **Erbsenwickler** Die Raupen des Kleinschmetterlings *Cydia nigricana* bohren sich in die Hülse. Sie fressen die Samen von außen an. Ausgewachsen verlassen sie die Hülse und überwintern in einem Kokon im Boden. | Boden im Frühjahr und Herbst kräftig durcharbeiten. Kulturschutznetze mit kleiner Maschenweite verwenden. |
|  Hasel *(Corylus avellana)*, Eibe (*Taxus*, Foto), Kornelkirsche *(Cornus mas)*, Kirschen und andere | Holzige Samen, Fruchtkerne oder Nüsse sind aufgenagt oder weisen größere unregelmäßige Löcher auf. Sie liegen auf dem Boden oder – oft auch in größeren Mengen – in einem Versteck. | **Mäuse** Oft sammeln die Tiere die nahrhaften Früchte oder Samen in einem Versteck und fressen sie dort bei Bedarf aus. Ihnen machen die häufig in den Samen enthaltenen Giftstoffe nichts aus. | Die Tiere gehören zur Biodiversität im Garten, können aber auch Krankheiten übertragen. Oft lassen sie sich mit stark riechenden Stoffen wie Thujajauche, Eukalyptusöl oder Knoblauch vertreiben. Hierzu die Stoffe in die Mäusegänge einbringen. |

# STRATEGIEN DER PFLANZEN

Pflanzen haben sich auf vielfältige Art an ihre Umgebung angepasst und Möglichkeiten gefunden, auf Umweltbedingungen sowie auf Tiere, andere Pflanzen in ihrer Nähe und auf die Folgen unserer Gartenarbeit zu reagieren.

Hallers Kuhschelle *(Pulsatilla halleri)*

STRATEGIEN DER PFLANZEN

# WACHSEN UND GEDEIHEN

Pflanzen wachsen nicht planlos, sondern entwickeln sich nach bestimmten Mustern und Programmen.

# DIE GRUNDLAGEN

## ZU NEUEM LEBEN ERWECKT

Das Leben einer Blütenpflanze beginnt mit einem Samen. Er gelangt entweder nackt oder in eine Fruchtwand eingeschlossen auf oder in den Boden. Kresse *(Lepidium sativum)*, Löwenzahn *(Taraxacum)*, Hirtentäschel *(Capsella bursa-pastoris)* und viele andere Pflanzen können sofort keimen, wenn ihre Samen Wasser und Sauerstoff erhalten und die Temperatur für ein aktives Wachstum passt. Auch Samen von tropischen Pflanzen haben in der Regel keine **Samenruhe**. Zahlreiche Gewächse aus Regionen mit wechselnden Jahreszeiten verzögern jedoch die Keimbereitschaft: Der Same erwacht erst aus der Samenruhe, wenn die richtige Zeit gekommen ist. Doch woher weiß er dies?

Die Evolution hat hier unterschiedliche Wege eingeschlagen: Eine Samenschale kann so fest sein, dass weder Wasser noch Gase sie durchdringen. Der Embryo bleibt so lange eingeschlossen, bis die Sperre aufgehoben ist. Bei manchen Arten bauen Bakterien hemmende Schichten der Samenschale ab, andere brauchen tierische Helfer. So gibt es eine Vielzahl von Pflanzen, bei denen die Frucht- oder Samenschale erst nach einer Darmpassage durch Vögel oder Säugetiere so durchlässig geworden ist, dass der Same keimbereit ist. Dies bringt den Samen noch weitere Vorteile: Mit ihren Tiertaxis können sie längere Strecken reisen und bekommen mit der Kotladung einen gedüngten Boden serviert.
Bei den Samen von Apfel *(Malus)*, Aprikose *(Prunus armeniaca)*, Bittermandel (*Prunus dulcis* var. *amara*) und anderen Rosengewächsen (Rosaceae) muss die Chemie fürs Keimen stimmen – ihre Samen enthalten Blausäure. Diese hemmt die Keimung so lange, bis sie aus den Samen entwichen ist. Hierzu müssen zuerst Bakterien ein dünnes, gasundurchlässiges Häutchen abbauen.

Apfelsamen

In vielen Fällen beenden niedrige Temperaturen die Samenruhe. Kälte kann die Samenschale mürbe machen, Hemmstoffe abbauen oder Enzyme aktivieren. Die Samen einiger Pflanzenarten brauchen diesen Zeitraum außerdem für die Nachreife, nachdem der Embryo zum Zeitpunkt der Samenreife noch gar nicht komplett ausgebildet ist. Manchmal genügen wenige Kältetage, andere Samen, wie die von Weißdorn *(Crataegus)* oder Maiglöckchen *(Convallaria)*, können erst nach zwei längeren Kältephasen auskeimen.

## DORNRÖSCHENSCHLAF

Samen bleiben oft über Jahre oder Jahrzehnte – in Extremfällen sogar Jahrhunderte – keimfähig. Zwar lässt sich für jede Pflanzenart ein Durchschnittswert ermitteln, doch jeder einzelne Same verhält sich anders. Außerdem spielen die Lagerbedingungen eine große Rolle, optimal überdauern Samen an einem kühlen, trockenen und dunklen Ort. Haltbarkeitsangaben auf Samentüten geben deshalb nur einen groben Anhaltspunkt.

Keimfähigkeit Lein *(Linum usitatissimum)*: vier bis fünf Jahre

### GARTEN-TIPP

Ob es sich noch lohnt, Samen aus einer Tüte mit abgelaufenem Haltbarkeitsdatum zu säen, lässt sich mit einem **Keimtest** feststellen. Hierzu verteilen Sie eine Anzahl Samen auf einer Lage Küchenkrepp und legen eine zweite Lage darüber. Diese Packung feuchten Sie gut an und geben sie in einen Plastikbeutel, den Sie verschließen. Nach ein bis zwei Wochen an einem warmen Ort zeigt sich, wie viel Prozent der Samen noch gut sind.

Keimfähigkeit Hirtentäschel: bis über 30 Jahre

## GARTEN-TIPP

Samen, bei denen erst Kälte die Samenruhe beendet, lassen sich auch im Kühlschrank auf Trapp bringen. Für das als **Stratifikation** bezeichnete künstliche Brechen der Samenruhe geben Sie die Samen in ein offenes Glas mit feuchtem Sand und stellen dieses für einige Tage ins Gemüsefach des Kühlschranks. Achten Sie darauf, dass der Sand nicht austrocknet, und schütteln Sie das Glas ab und zu durch.

## LOS GEHT'S

Sind die Barrieren abgebaut, beginnt der Same zu keimen. Dabei nimmt er Wasser auf und quillt. So schafft er es, die Samenschale oder auch die Fruchtwand zu sprengen. Der Embryo wächst und baut dabei das Nährgewebe ab. Da er immer so im Samen orientiert liegt, dass seine Wurzelanlage in Richtung Samennabel zeigt, erscheint die Keimwurzel am auskeimenden Samen zuerst und wächst aus dem Nabel heraus. Nun kann es auf zwei Wegen weitergehen: Bei der **oberirdischen (epigäischen) Keimung** zieht der Keimling seine Keimblätter aus der Samenschale. Der Abschnitt der Sprossachse unter den Keimblättern – das Hypokotyl (siehe S. 18) – streckt sich in die Länge und hebt die Keimblätter über den Boden. Diese bilden rasch Chlorophyll und tragen so schon bald zur Ernährung des Keimlings bei. Bei Garten-Bohne *(Phaseolus vulgaris)*, Rot-Buche *(Fagus sylvatica)*, Garten-Rettich (*Raphanus sativus* var. *sativus*) und anderen unterscheiden sich die Keimblätter deutlich von den nachfolgenden Laubblättern.

Keimling der Rot-Buche mit Keimblättern und Folgeblättern

Bei Nadelgehölzen wie Fichten *(Picea)*, Tannen *(Abies)* und Kiefern *(Pinus)* sind die Keimblätter oft wesentlich länger als die Folgeblätter. Sie erheben sich meist in einem Wirtel über die Erde.

Bei der **unterirdischen (hypogäischen) Keimung** dagegen bleiben die Keimblätter in der Samenschale, das Hypokotyl bleibt unsichtbar. Stattdessen streckt sich das Epikotyl (siehe S. 18) und bildet bald erste Laubblätter. Viele Pflanzen, die auf diese Art keimen, haben besonders große Samen und Keimblätter, zum Beispiel Walnuss *(Juglans)*, Eiche *(Quercus)*, Erbse *(Pisum)* und Feuer-Bohne *(Phaseolus coccineus)*. Ihre Keimblätter konnten während der Samenentwicklung sehr viele Nährstoffe speichern und versorgen so den Keimling in der Anfangszeit. Auch bei vielen einkeimblättrigen Pflanzen wie Weizen *(Triticum)* und anderen Gräsern bleibt das Keimblatt im Samen. Bei allen Gräsern ist es vollständig zu einem Saugorgan umgebildet, das die Nährstoffe des Endosperms aufnimmt.

Links Feuer-Bohne: unterirdische Keimung, rechts Garten-Bohne: oberirdische Keimung

Keimlinge von verschiedenen Rettich-Sorten mit den Keimblättern

# KEIMEN IN LICHT ODER DUNKELHEIT

Es gibt eine ganze Reihe von Pflanzenarten, die einen Lichtreiz benötigen, um auskeimen zu können. Die Samen solcher **Lichtkeimer** sind meistens klein. Sie enthalten deshalb kaum Speicherstoffe – zu wenig, um den Keimling zu versorgen, wenn er tiefer in der Erde auskeimen und nach oben ans Licht wachsen müsste.

Die Samen von **Dunkelkeimern** dagegen müssen von Erde bedeckt sein. Als Faustregel gilt, dass sie mindestens doppelt so tief in der Erde liegen sollten, wie sie groß sind. Bei ihnen hemmt Licht die Keimung. Die Erdschicht hält jedoch nicht nur das Licht ab, sondern schützt die Samen auch vor dem Austrocknen und hungrigen Vögeln. Die Samen sind meist größer als die von Lichtkeimern, wie Gurke *(Cucumis sativus)*, Kürbis *(Cucurbita)*, Erbse *(Pisum)*, Bohne *(Phaseolus)*, Lupine *(Lupinus)*, Borretsch *(Borago officinalis)* und Sonnenblume *(Helianthus annuus)* anschaulich zeigen.

## DER TRICK DER UNKRÄUTER

Viele einjährige Ackerwildkräuter, die wir als Unkräuter nicht unbedingt im Garten haben möchten, zählen zu den Lichtkeimern. Ihre Samen kommen bei der Bodenbearbeitung aus tieferen Schichten zumindest kurzfristig nach oben und können so stimuliert werden – ein Grund, warum auf einem frisch umgegrabenen Beet oder auf einem neu aufgeschütteten Erdwall plötzlich viele Wildpflanzen auftauchen.

Öl-Kürbis (*Cucurbita pepo* var. *styriaca*)

### GARTEN-TIPP

Basilikum

Säen Sie Lichtkeimer direkt auf die Bodenoberfläche und arbeiten Sie diese nicht in den Boden ein. Zu den Lichtkeimern im Garten gehören Basilikum *(Ocimum basilicum)*, Bohnenkraut *(Satureja)*, Kresse *(Lepidium sativum)*, Kopfsalat *(Lactuca sativa)*, Tomate *(Solanum lycopersicum)*, Roter Fingerhut *(Digitalis purpurea)*, Echter Lavendel *(Lavandula angustifolia)*, Garten-Löwenmaul *(Antirrhinum majus)* und Primeln *(Primula)*.

## FORM BEKOMMEN

Bei einem Keimling wachsen Spross und Wurzeln sowohl in die Länge als auch in die Dicke. Doch grundsätzlich wachsen Sprossachsen nicht unendlich und nicht auf immer gleiche Weise weiter. Vielmehr verzweigen sie sich in den meisten Fällen mehr oder weniger stark. Dafür legen sie **Achselknospen** im Winkel zwischen Blattansatz und Spross an. Das Blatt, in dessen Achsel sich solche Knospen entwickeln, wird zum **Tragblatt**. Treiben die Achselknospen aus, entstehen Verzweigungen. Es kann sich dabei sowohl um Achselsprosse als auch um achselständige Blütenstände handeln.

Blätter, Dornen und Blüten dagegen wachsen nur begrenzt. Ab einer bestimmten Größe oder Ausbildung stellen bei ihnen die Meristeme ihre Funktion ein. Ein- und zweijährige Pflanzen stellen sogar das gesamte Wachstum nach der Fruchtreife ein und sterben nach einem inneren Programm ab. Bei Stauden stirbt nur der Spross oder Teile davon ab, während die Wurzeln und bestimmte andere Sprossteile viele Jahre überdauern können. Sträucher und Bäume werden sogar über viele Jahre oder gar Jahrhunderte länger und dicker. Doch auch sie erreichen eine artspezifische Altersgrenze. Bei der Rot-Buche *(Fagus sylvatica)* liegt diese bei etwa 500, bei der Stiel-Eiche *(Quercus robur)* bei etwa 900 und bei der Gewöhnlichen Eibe *(Taxus baccata)* bei bis zu 1000 Jahren.

## SCHLAFENDE AUGEN

Würde sich die Pflanze aus jeder Blattachsel verzweigen, kämen sich die Seitentriebe ins Gehege. Wären diese auch noch alle gleich kräftig, entstünde ein dichtes Gewirr. In diesem würden sich Blätter gegenseitig beschatten. Blüten könnten sich nicht entfalten oder wären zu versteckt für Bestäuber.

Das weiß die Natur zu verhindern: Anfangs ist meist nur das Meristem der Endknospe aktiv und höchstens ein Teil der achselständigen Knospen erwacht. Dabei dominiert die Endknospe und die Sprosse aus den Blattachseln entwickeln sich unterschiedlich. Der Rest der Knospen verharrt in einem Ruhestadium. Solche **Schlafenden Knospen** oder **Schlafenden Augen** dienen als Reserve, falls der Haupttrieb oder Seitentriebe beschädigt werden. Bei Bäumen und Sträuchern können sie jahrzehntelang im Ruhezustand verbringen. Wenn die Gehölze mit der Zeit immer mehr in die Dicke gewachsen sind, ist die ehemalige Blattachsel nicht mehr zu erkennen und das Schlafende Auge liegt unsichtbar unter der Rinde verborgen. Aus ihm austreibende Seitentriebe scheinen damit direkt aus der Rinde oder dem Stamm zu wachsen.

## GARTEN-TIPP

Wer buschige, kompakte Pflanzen liebt oder neue, seitliche Blütentriebe fördern möchte, sollte Achselknospen zu Leben erwecken. Nichts einfacher als das: Es genügt, die Triebspitzen einzukürzen und verblühte Blüten oder Blütenstände regelmäßig abzuschneiden.

## BAUMSCHNITT

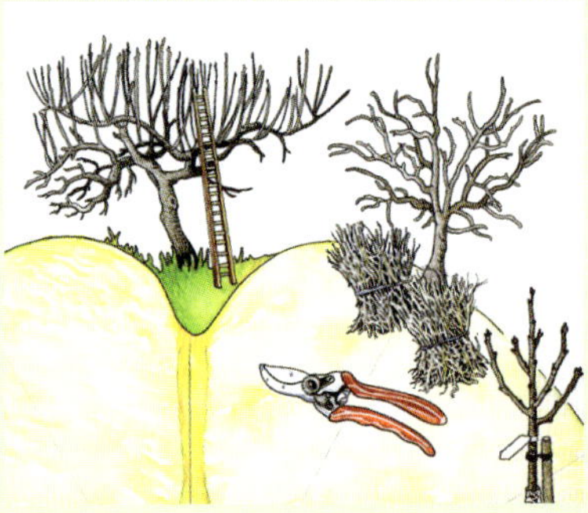

Der Schnitt von Obstgehölzen nutzt ganz gezielt das Zusammenspiel von dominierenden Endknospen und Schlafenden Augen. Er beeinflusst sowohl die Form des Baumes als auch die Bildung von Blüten und Früchten.

Regelmäßiges Beschneiden von Linden *(Tilia)* fördert den Austrieb von Schlafenden Augen: Die Bäume bekommen «Knospensucht».

## NEU ENTSTANDEN

Nicht bei allen Pflanzen lässt sich jeder Spross auf eine Endknospe oder auf Achselknospen zurückführen. Manchmal wird auch nachträglich Gewebe wieder teilungs- und wachstumsfähig. Auf diese Weise können Pflanzen an Wurzeln oder Sprossen **Adventivsprosse** bilden. Sie tun dies häufig nach Verletzungen oder im Frühjahr, wenn ihre ursprünglich gebildeten frischen Triebe durch späten Frost abfrieren. Auch die aus abgesägten Stämmen mancher Bäume austreibenden **Stockausschläge** sind häufig Adventivsprosse. Sie entstehen an der Schnittfläche aus Zellen des Kambiums, also der Region des Stammes, in der das Dickenwachstum stattfindet. Solche Stockausschläge können aber auch aus Schlafenden Augen austreiben.

Adventivsprosse aus den Wurzeln einer Pflaume *(Prunus domestica)*

Erfolgreiche Überwallungen am Stamm einer Rot-Buche *(Fagus sylvatica)*

## WUNDHEILUNG

Wird eine Pflanze verletzt, verschließt sie die Wunde zuerst mit einem **Kallus**. Dazu bildet sie eine Zellmasse aus neuen, noch undifferenzierten Zellen, die sich in alle Richtungen ausdehnt. Bei krautigen Pflanzen vermehren sich an die Wunde anschließende Zellen zu einem Gewebewulst. Bei Gehölzen entsteht diese Zellwucherung aus dem Kambium. Pflanzenhormone in wechselnden Mengen sorgen in der Folge dafür, dass passende Gewebe entstehen und so zum Beispiel verloren gegangene Wurzeln oder Sprosse ersetzen. Bei Wunden an Stämmen oder Zweigen von Gehölzen verholzt der Kallus und bildet ein Abschlussgewebe. Mit der Zeit kann er die Wunde überwallen oder – wenn sie nicht zu groß war – ganz verschließen. Auch beim Pfropfen (siehe S. 191) wachsen Zellen an der Kontaktfläche zu einem Wundkallus aus. Das Pflanzenhormon Auxin bewirkt dann, dass neue Leitungsbahnen entstehen und das Edelreis an den Saftstrom der Unterlage angeschlossen wird. Sobald dies geschehen ist, treiben die ruhenden Knospen des Edelreises aus.

## GARTEN-TIPP

Früher war es gängige Praxis, größere Schnittwunden an Bäumen mit Baumwachs flächendeckend zu verschließen. Allerdings verliert dieses mit der Zeit an Elastizität und wird rissig. So kann es nicht verhindern, dass Fäulnis in die Wunden gelangt – oder fördert es sogar. In der städtischen Baumpflege vertraut man deshalb in der Regel auf die natürlichen Abwehrkräfte der Gehölze und versorgt die Wunde nicht. Viele Obstbauern und Obstbäuerinnen dagegen kleistern Schnittwunden weiterhin großzügig mit Wundwachs zu. Sie schneiden die Bäume meist in der Ruhephase der Bäume im Winter. Dann können diese nicht so schnell reagieren wie bei einem Sommerschnitt. Auch im Garten ist Baumwachs also höchstens dann sinnvoll, wenn ein Baum im Winter geschnitten wird. Es genügt jedoch, den äußeren Rand großer Wunden mit dem Wundverschluss abzudecken. So geschützt kann das Kambium im Frühjahr rasch Kallusgewebe bilden.

# WAS PFLANZEN BEWEGT

## WOHER WEISS DIE PFLANZE, WOHIN SIE WACHSEN SOLL?

Eine festgewachsene Pflanze reagiert auf viele äußere Reize mit einer Orientierungsbewegung – sie ändert ihre Wachstumsrichtung. Wächst sie auf den Reiz zu, handelt es sich um einen **positiven Tropismus**, wächst sie von dem Reiz weg, um einen **negativen Tropismus**. Der Begriff leitet sich vom griechischen tropós ab und bedeutet «Wendung».

### Wo ist oben, wo unten?

Unser Gleichgewichtssinn erkennt, wo «unten» und wo «oben» ist. Dabei richten sich kleine Steinchen (Statolithen) in unserem Innenohr nach der Erdschwerkraft aus.

Pflanzenwurzeln orientieren sich mit ähnlichen Hilfsmitteln: Sie besitzen in bestimmten Zellen der Wurzelhaube stärkereiche Untereinheiten (Amyloplasten) als Statolithen. Diese sind schwerer als der restliche Zellinhalt und sammeln sich der Schwerkraft folgend unten in der Zelle. Ihre Lage wird von der Zelle registriert. Legt man die Wurzel auf die Seite, verrutschen die Partikel. Dies löst einen Alarm aus, der das Pflanzenhormon Auxin in den Streckungsbereich der Wurzel wandern lässt. Dort hemmt es die Dehnung auf der Unterseite der waagerecht liegenden Wurzel. Diese wächst also nur noch auf der Oberseite – nach einigen Stunden krümmt sich die Wurzel deshalb wieder abwärts in Richtung der Schwerkraft (**positiver Gravitropismus**).

Auch die Sprossachse reagiert auf die Schwerkraft. Allerdings verläuft ihre Wachstumsreaktion gewöhnlich entgegen der Schwerkraft, also als **negativer Gravitropismus** von der Reizquelle weg. Sprossachsen besitzen Stärkescheiden, in denen die Zellen mit den Stärkekörnchen zu Gewebe zusammengelagert sind. Bei Sträuchern und Bäumen gibt es solche Zellgruppen im Rindenbereich der Stämme. Kommt ein Baumstamm in Schieflage, etwa durch einen Sturm oder Erdrutsch, entwickelt er in den nachfolgend gebildeten

Jahresringen besondere Holzstrukturen, sogenanntes Reaktionsholz. Damit richtet sich der Baum über Jahre hinweg wieder in eine senkrechte Position auf.
Neben einem Wachstum parallel zum Reiz – bei einem Spross also gewöhnlich nach oben – kann der Reiz auch einen schrägen Wuchs oder einen Wuchs im Winkel von 90° auslösen. So erklären sich schräg wachsende Äste und kriechende Seitensprosse.

### Wo bitte geht's zum Licht?

Sprossspitzen «spüren», wo sich eine Lichtquelle befindet, und krümmen sich in deren Richtung. Auch diese **Fototropismus** genannte Wachstumsreaktion kommt durch eine ungleiche Verteilung des Pflanzenhormons Auxin zustande: Licht, besonders solches mit Wellenlängen im blauen Bereich (400–500 nm), lässt das Hormon wandern, sodass es sich vermehrt auf der lichtabgewandten Seite des Sprosses sammelt. Auxin wirkt dort als Wuchsstoff, es führt also dazu, dass der Spross dem Licht zu wächst. So neigen sich die Pflanzen im Gewächshaus und im Zimmer immer zu den Fenstern.

## STEH-AUF-GRÄSER

Grashalme können sich innerhalb weniger Tage wieder aufrichten, wenn sie – zum Beispiel durch einen starken Regen – umgefallen sind. Sie haben hierzu Meristeme im Bereich der Knoten. An einem liegenden Halm beginnen die Knoten auf ihrer Unterseite verstärkt zu wachsen. Auch viele Kräuter gelangen auf diese Weise durch einseitiges Wachstum wieder in die Senkrechte.

## SCHEINBAR DIE ORIENTIERUNG VERLOREN

Korkenzieher-Hasel (*Corylus avellana* 'Contorta', Foto), Korkenzieher-Weide (*Salix matsudana* 'Tortuosa') und Korkenzieher-Binse (Liebeslocken, *Juncus effusus* 'Spiralis') zeigen bizarre Wuchsformen mit spiralig verdrehten Sprossachsen. Bei ihnen wachsen die Zweige stets auf einer Seite viel stärker und sorgen so für den markanten Wuchs. Ursache dafür können genetische Fehlinformationen (Mutationen) oder Krankheiten sein. Wenn sich statt gedrehter Zweige lange, gerade Triebe bilden, müssen diese entfernt werden. Es handelt sich um Wildtriebe der Unterlage, auf die die skurrile Wuchsform veredelt wurde (siehe S. 191).

## RAN ANS LICHT

Wachsen sonnenhungrige Pflanzen im Schatten, bilden sie dünnere, in die Länge gestreckte Sprosse und kommen oft nicht zum Blühen. Dieses als Schattenvermeidungsreaktion bekannte Phänomen wird ebenfalls durch das Auxin ausgelöst. Es hilft der Pflanze, ihre Sprosse möglichst rasch ins optimale Licht zu rücken.

Bleiche Blätter bei Hasenglöckchen *(Hyacinthoides non-scripta)* durch Lichtmangel

Vergeilte Triebe an Großer Fetthenne *(Sedum telephium)*

Keimlinge oder Sprosse, die im Dunkeln, etwa in der Erde oder einer Felsspalte, wachsen, bleiben dünn und bleich. Sie bilden lange Internodien, aber nur reduzierte Blätter aus. Die Chloroplasten – die Fabriken der Fotosynthese – sind bei ihnen noch nicht voll ausgebildet und enthalten nur Vorstufen des Chlorophylls. Wenn Pflanzen so **vergeilen** (etiolieren), haben sie nur ein Ziel: Der Spross soll so rasch als möglich – bevor die Vorräte, die er mitbringt, erschöpft sind – das Licht erreichen. Dann reifen seine Chloroplasten rasch heran und nehmen die Fotosynthese auf. Da solche vergeilten Sprosse in der Eile auch weniger Festigungselemente ausbilden, sind sie weicher als im Licht gewachsene Sprosse – ein gewünschter Effekt bei Lebensmitteln wie Spargel *(Asparagus officinale)* und Chicorée (*Cichorium intybus* var. *foliosum*).

### Wo geht es zum Wasser?

Pflanzen suchen mit ihren Wurzeln nach Wasser. Ihre Hauptwurzeln dringen der Schwerkraft folgend in die Tiefe vor, ihre feinen Seitenwurzeln dagegen breiten sich in alle Richtungen im Boden aus. Forschende haben herausgefunden, dass sich die feinen Wurzeln in einem ersten Schritt in alle Richtungen verzweigen. Schon sehr bald erkennt die Wurzel aber, wo sie Wasser und Nährstoffe findet. Sie passt ihre Wuchsrichtung an und strebt mit ihrer Spitze zum lockenden Ziel.

## KRÜMMEN NACH VORGABE

Es gibt noch viele andere Bewegungsreaktionen bei den Pflanzen. Auch bei **Nastien** löst ein Reiz, zum Beispiel Licht, Temperatur, Feuchtigkeit oder Berührung, eine entsprechende Reaktion aus. Der Reiz bestimmt jedoch nicht, in welche Richtung sich das Pflanzenteil bewegt – die Krümmung ist vielmehr durch den Bau des Organs vorgegeben.

## GARTEN-TIPP

Pflanzen in Töpfen stoßen mit ihren Wurzeln bald an die undurchdringliche Grenze der Topfwand. Ihr internes Programm sorgt dafür, dass sie dem Hindernis ausweichen wollen, sich aber nicht zurück zur Wurzelbasis wenden. So wachsen die Wurzeln immer an der Wand entlang. Solche Ringwurzeln bringen der Pflanze weder mehr Wasser noch mehr Nährstoffe, sondern schwächen sie eher. Es ist also Zeit, sie umzutopfen!

## Bewegen nach Temperaturänderung

Bei Tulpen (*Tulipa*, Fotos), Krokussen *(Crocus)*, Anemonen *(Anemone)* und anderen öffnen und schließen sich die Blüten infolge temperaturgesteuerter Reaktionen (**Thermonastien**). Wird es warm, wächst die Oberseite der Blütenblätter stärker als die Unterseite, kühlt es ab, ist es andersherum. Krokusse reagieren schon auf eine Temperaturänderung von 0,5 °C, Tulpen auf 1 °C. Ein ständiger Wechsel der Temperatur lässt die Blüten immer wieder auf- und zugehen. Gleichzeitig verlängern sich die Blütenblätter – bei jeder Bewegung um etwa 7 Prozent, während der gesamten Blühzeit einer Blüte um über 100 Prozent. Bei Gänseblümchen *(Bellis)* sind es die Zungenblüten im Blütenkörbchen, die sich in Abhängigkeit von der Temperatur nach außen oder innen bewegen.

### GARTEN-TIPP

Bei einer Tulpe in der Vase können Sie nicht nur beobachten, wie die Blütenblätter mit jedem Tag wachsen. Gleichzeitig verlängert und krümmt sich auch der Stängel. Er enthält große Mengen Auxin. Dieses macht seine Zellen extrem flexibel und dehnbar: Sie pumpen sich mit Wasser voll und strecken sich dabei immer mehr in die Länge. Gerechnet auf die ganze Länge des Stängels kommen einige Zentimeter zusammen.
Damit ein Tulpenstrauß lange hält, sollten Sie die Blüten schneiden, sobald sich etwas Farbe zeigt. Im Raum sollten keine größeren Temperaturschwankungen auftreten. Haben sich die Stängel stark verlängert, können Sie sie beliebig wieder einkürzen.

Stängelloser Enzian *(Gentiana acaulis)*

## Bewegung durch Lichtänderung

Blüten öffnen und schließen sich nicht nur bei Temperaturänderungen. Bei Ehrenpreis *(Veronica)*, Enzian *(Gentiana)*, Mohn *(Papaver)*, vielen Seerosen *(Nymphaea)* und anderen reagieren sie auf Licht (**Fotonastie**): Sie öffnen sich erst bei ausreichender Belichtung und schließen sich, sobald es dunkler wird – bei manchen Arten genügen schon Wolkenschatten. Bei den Blütenkörbchen von Löwenzahn *(Taraxacum)*, Gewöhnlicher Wegwarte *(Cichorium intybus)* und Haferwurzel *(Tragopogon porrifolius)* bewegen sich hierzu die Zungenblüten.

Auch die Blattbewegungen bei Sauerklee *(Oxalis)* und Robinie *(Robinia)*, bei denen Gelenke die Bewegungsrichtung bestimmen, sind vom Licht gesteuerte Nastien (siehe S. 71).

Sonnenblumen reagieren auf den sich verändernden Sonnenstand. Noch geschlossene Blütenkörbchen folgen der Sonnenbahn von Ost nach West und drehen sich bis zum nächsten Morgen nach Osten zurück. Vollständig geöffnete Körbchen und die Fruchtstände bewegen sich nicht mehr. Die Sonnenblume stammt aus warmen Gebieten. Deshalb muss sie vermeiden, dass ihre voll entwickelten Blüten und Samen in der sengenden Sonne kochen. Sobald sich der Stängel versteift, endet die Bewegung deshalb meist mit Blick nach Osten.

### WARUM AUF UND ZU?

Blüten stehen vor einem Dilemma. Auf der einen Seite müssen sie ihren Blütenstaub und ihre Narben den Bestäubern präsentieren, auf der anderen Seite möchten sie diese vor Regen, Sturm, Tau und anderen schädlichen Einflüssen schützen. Viele Pflanzen öffnen ihre Blüten oder Blütenkörbchen deshalb nur zu jenen Zeiten, in denen sie am ehesten mit Bestäubung rechnen können, und halten sie sonst geschlossen.

## GARTEN-TIPP

Lassen Sie sich den Tanz von aufblühenden Gewöhnlichen oder Rotkelchigen Nachtkerzen *(Oenothera biennis, Oenothera glazioviana)* nicht entgehen: In den frühen Abendstunden spreizen an den Knospen, die sich öffnen werden, die Spitzen der Kelchblätter auseinander. In der Dämmerung reißen die Kelchblätter dann innerhalb weniger Minuten auf, klappen zurück und geben den Kronblättern Platz, sich auszuwickeln. Dies geht an warmen Abenden oft so schnell, dass sogar ein Rascheln zu hören ist. Sobald die Blüte ganz offen ist, beginnt sie zu duften. Nur wenig später finden sich erste Nachtfalter und Schwärmer ein, um Nektar zu tanken. Meist welken die Blüten schon in den Morgenstunden, sodass tagaktive Bienen, Hummeln und Schwebfliegen bald vor verschlossenen Türen stehen. Sie können nun nur noch Pollen von den noch herausragenden Narben sammeln.

### Bewegen durch Berühren

Recht viele Pflanzen reagieren auf Berührung mit einer Krümmung, die ihr Bauplan vorgibt (**Thigmonastie**). Oft geht das verblüffend rasch, indem sich der Druck in bestimmten Zellen schnell ändert. Würde sich eine Venusfliegenfalle *(Dionaea muscipula)* mehr Zeit lassen, das Fangblatt zuzuklappen, entkäme ihr das Insekt. Bei Flockenblumen (*Centaurea*, siehe S. 106) und Berberitzen *(Berberis)* bewegen sich die Staubblätter, kaum dass ein Insekt sie berührt hat, bei Gauklerblumen *(Mimulus)* und Samtmäulchen *(Torenia)* die Narben. So sorgen diese Arten für eine optimale Bestäubung ihrer Blüten.

Gelbe Gauklerblume *(Mimulus guttatus)*

Etwas langsamer – aber immer noch so, dass innerhalb von Stunden deutlich etwas passiert – reagieren Spross- und Blattranken. Mit ihnen suchen Kletterpflanzen den Kontakt zu einer Stütze, an der sie emporwachsen können. Die Ranken wachsen dabei so lange in kreisenden Bewegungen, bis sie einen Untergrund oder eine andere Pflanze berühren. Dann krümmen sie sich, wachsen weiter und umwinden so die

Ranke der Zweihäusigen Zaunrübe *(Bryonia dioica)*

Stütze mit ihrem Ende. Bei Passionsblumen *(Passiflora)*, Gurke *(Cucumis sativus)*, Zaunrüben *(Bryonia)* und vielen anderen Rankenkletterern rollen sich auch die unteren Teile der Ranke ein. So entsteht eine elastische Spiralfeder, die die Pflanze in Richtung Stütze zieht und auch bei starken Böen nicht reißt.

## GARTENZWERGE

### Züchtungen für kleine Gärten

Besonders bei Nadelgehölzen, aber auch bei Laubgehölzen und verschiedenen Stauden haben Zuchtbetriebe Sorten ausgelesen oder gezüchtet, die ausgesprochen klein bleiben. Oft tragen sie im Sortennamen die Bezeichnung 'Nana' – dies ist Lateinisch und bedeutet «Zwerg». In ihnen ist der «Liliputanerwuchs» genetisch verankert, sodass sie tatsächlich zeit ihres Lebens klein bleiben – nicht so klein wie gekauft, aber immerhin kleiner als die reine Art. Oft werden kleinwachsende Laubbaumsorten auf höhere Stämme gepfropft und bilden so gestielte Kugeln oder Schirme. Hierzu zählen der Kugel-Trompetenbaum 'Nana' (*Catalpa bignonoides* 'Nana') und die Kugel-Robinie (*Robinia pseudoacacia* 'Umbraculifera'). Im Gegensatz zu den reinen Arten, die im Frühsommer ihre Blüten entfalten, blüht die Kugel-Robinie nicht, der Kugel-Trompetenbaum höchstens schwach.

### Gestaucht

Besonders rasch und effektiv lassen sich Pflanzen klein halten, wenn man in ihren Hormonhaushalt eingreift. Schneidet man frische Triebspitzen zurück, mindert dies die Menge des dort gebildeten Pflanzenhormons Auxin – die Pflanze wächst langsamer und bildet gleichzeitig mehr Seitentriebe. Allerdings kommt sie auch später zum Blühen als Exemplare, die ungehindert wachsen konnten.

Kugel-Trompetenbaum

Auch ein zweites Pflanzenhormon, die Gibberellinsäure, spielt beim Längenwachstum eine wichtige Rolle. Erwerbsgärtnereien nutzen oft chemische Mittel, die dieses Pflanzenhormon hemmen. So bekommen sie mehr Pflanzen in ihre Beete und können dem Kunden kompakte Ware bieten. Meistens spritzen sie die Mittel direkt auf das Laub, seltener gießen sie es auf die Erde. Die Wachstumsregler stauchen und verstärken die Stiele, indem deren Zellen kürzer bleiben und die Zellwände kräftiger werden. Solche Pflanzen bieten Krankheiten und Schädlingen mehr Widerstand – ein gewünschter Nebeneffekt. Auf gespritzten Pflanzen finden sich beim Kauf häufig noch Reste der Spritzbrühe: Sie bilden weißliche Beläge, die etwas an einen Pilzbefall durch falschen Mehltau (siehe S. 83) erinnern.

Was sich so schön kompakt als Ware in der Gärtnerei präsentiert, bleibt meist nicht lange so: Der Wuchs der gestauchten Pflanzen ist nicht genetisch verankert. Sobald die Hemmstoffe abgebaut sind, schießen die Gewächse ins Kraut und wachsen so, wie sie sich ohne chemische Keulen entwickeln würden.

## Gestreichelt

Wer schon einmal Blumen- oder Gemüsesamen auf der Fensterbank oder im Gewächshaus ausgesät hat, hat es sicher schon festgestellt: Die Jungpflanzen wachsen viel weniger robust und schießen viel mehr in die Länge, als wenn sie im Freiland stehen. Lange haben Forschende angenommen, dass das nur am Licht liegt. Doch eine wesentliche Rolle spielt die Bewegung: Wind, der über die Pflanzen streicht. Das Rütteln und Schütteln der Sprosse wirkt sich auf den Hormonhaushalt aus und sorgt für kompakten Wuchs. Wir müssen hierzu nicht mal die Fenster öffnen – Streicheln der Pflanzen oder ein Ventilator sorgen für dieselbe Unruhe. Auch manche Erwerbsgärtnereien verteilen Streicheleinheiten an ihre Pflanzen, doch reicht ihnen das oft nicht für den gewünschten kompakten Wuchs, sodass sie zusätzlich noch Hemmstoffe einsetzen.

### GARTEN-TIPP

Achten Sie beim Kauf einer Pflanze darauf, ob es sich um eine kleinwüchsige Sorte handelt oder ob die Pflanze künstlich gestaucht wurde. Die endgültige Wuchshöhe steht oft auf dem Pflanzenetikett oder Sie können diese über das Internet ermitteln. So können Sie abschätzen, wie die Pflanze bei Ihnen wachsen wird. Zu den häufig gehemmten Gewächsen gehören Herbst-Chrysanthemen *(Chrysanthemum indicum)*, Petunien *(Petunia)*, Pelargonien *(Pelargonium)*, Strauchmargerite *(Argyranthemum frutescens)* und andere Balkonpflanzen, aber auch Garten-Chrysanthemen (*Chrysanthemum* x *grandiflorum*) und Astern *(Aster)*.

STRATEGIEN DER PFLANZEN

# BODEN UND NÄHRSTOFFE

Pflanzen wachsen nicht auf jedem Untergrund gleich gut. Sie stellen bestimmte Ansprüche an den Boden und die darin enthaltenen Nährstoffe.

# DIE GRUNDLAGEN

Im Garten setzen wir Pflanzen in den Boden – oder je nach Sprachgebrauch in die Erde oder den Erdboden. Um Boden zu verändern oder in Kübel zu bringen, kaufen wir Blumenerde, Aussaaterde, Rhododendronerde oder eine der vielen weiteren «Erden» oder «Substrate» im Sortiment der Gartenfachmärkte. Dabei achten wir darauf, die «richtige Erde» für das jeweilige Gewächs auszuwählen, nämlich eine solche, die von der Nährstoffzusammensetzung und Struktur zur Pflanze passt. Doch ein Boden ist mehr als nur ein Nährstoffdepot oder ein fester Anker für Pflanzenwurzeln. Das Erdreich ist mit Wasser, Luft und Lebewesen durchsetzt. Es kann betonartig fest oder krümelig locker sein, viel oder wenig Wasser speichern oder stark oder wenig mit Tiergängen durchhöhlt und von Pilzfäden durchzogen sein – all dies und noch viel mehr hat einen Einfluss auf die Pflanzen und ihr Wachstum. Nicht umsonst hat sich die Bodenkunde zu einer ganz eigenen Wissenschaft mit spezialisierten Fachleuten entwickelt. Für den Garten genügen jedoch in der Regel einige Grundkenntnisse.

Pilzfäden wachsen zwischen Laub und helfen dabei, dieses zu Humus zu zersetzen.

## WAS IST BODEN?

Boden ist der mit Wasser, Luft und Lebewesen durchsetzte oberste Teil der Erdkruste. Seine Hauptmasse besteht aus verwittertem Ausgangsgestein, das mineralische Stoffe liefert, sowie Humus. Bei diesem handelt es sich um tote organische Substanz, die aus zersetztem Kot und anderen Ausscheidungen von lebenden Organismen sowie Abbauprodukten abgestorbener Organismen entsteht. Die Mineral- und Humuspartikel liegen im Boden nicht lückenlos aneinander, sondern schließen in Hohlräumen Bodenlösung und Bodenluft zwischen sich ein. Hinzu kommen unzählige Bodenlebewesen wie Bakterien, Pilze und Würmer.

## DIE MINERALSTOFFE

Es gibt einige chemische Elemente, die im Pflanzengewebe in vergleichsweise hohen Konzentrationen vorliegen und von denen eine Pflanze größere Mengen benötigt, um gesund zu wachsen. Bei diesen **Makronährstoffen** handelt es sich um Kohlenstoff, Wasserstoff, Sauerstoff, Stickstoff, Phosphor, Schwefel, Kalium, Magnesium und Kalzium.

Regenwürmer (Bild: Gemeiner Regenwurm, *Lumbricus terrestris*) lockern den Boden und mischen organisches Material mit Mineralboden.

Regenwurmkot ist ein wertvoller Dünger.

Kohlenstoff, Wasserstoff und Sauerstoff, die die Basis der Fotosynthese darstellen, sind aus der Luft frei verfügbar. Die weiteren Nährstoffe stammen gewöhnlich aus dem Boden. Besonders wenn regelmäßig Pflanzen entnommen werden, wie im Gemüsebeet des Gartens, kann es notwendig werden, zusätzlich gezielt zu düngen. Mangel herrscht oft an Stickstoff, Phosphor und Kalium. Viele Dünger enthalten deshalb genau diese drei Bestandteile.

Von allen anderen Nährstoffen brauchen die Pflanzen nur kleine Mengen. Analog zu den Spurenelementen, von denen wir nur wenig benötigen, werden sie bei Pflanzen als **Spurennährstoffe** bezeichnet. Hierzu gehören Eisen, Mangan, Zink, Kupfer, Bor, Molybdän und Chlor. Je nach Bodenart und ihren Eigenschaften liegen die Stoffe in unterschiedlichen Mengen vor oder stehen der Pflanze verschieden gut zur Verfügung. Eine wichtige Rolle spielt dabei der pH-Wert des Bodens – in einem sauren Boden herrschen andere Bedingungen als auf einem neutralen oder basischen.

Die meisten Nährstoffe wie Stickstoff, Phosphor, Kalium, Calcium und Magnesium liegen in gut löslichem Zustand vor, wenn der pH-Wert im neutralen Bereich liegt. In sauren Böden lösen sich die Nährsalze weniger gut. Dafür lösen sich in diesem Milieu Metalle wie Eisen, Kupfer, Zink, Mangan oder Bor besser. Auch die Verhältnisse der Nährstoffe zueinander sind wichtig, denn zum Teil können sie sich gegenseitig stören und in der Aufnahme blockieren.

### SAUER ODER BASISCH

Der pH-Wert gibt an, ob eine Substanz sauer oder basisch ist. Seine Skala reicht von 1 bis 14. Liegt der pH-Wert eines Bodens unter 6, so gilt er als sauer. Als neutral werden Werte von 6 bis 8 bezeichnet. Bei höheren Werten ist der Boden basisch beziehungsweise alkalisch.

## ORGANISCHES MATERIAL UND HUMUS

Besonders die oberen Schichten des Bodens – bis etwa in 30 cm Tiefe – enthalten viel Humus. Solche humusreichen Schichten sind dunkel gefärbt und können viel Wasser und Nährstoffe speichern. Humus spielt eine wichtige Rolle dabei, die Pflanzen mit Nährstoffen wie Stickstoff und Phosphor zu versorgen. Seine Poren regulieren außerdem den Luft- und Wärmehaushalt des Bodens. So erwärmt sich ein dunkler, humusreicher Boden im Frühjahr besonders rasch und ermöglicht es den Pflanzen, schon früh zu wachsen.

## GARTEN-TIPP

Haben Sie eine Garten-Hortensie *(Hydrangea macrophylla)*, die anfangs blau blühte und nach dem Einpflanzen im Garten rosa wurde? Dann handelt es sich um eine Sorte, deren Blüten den Anthocyanfarbstoff Delphinidin enthalten und die nun auf dem falschen Boden wächst. Ihre Blüten färben sich nur dann blau, wenn die Pflanze in einem sauren Substrat wächst, das ausreichend Aluminium enthält. Das Aluminium – weniger gut auch Eisen – bildet mit dem Farbstoff einen blauen Farbkomplex. Damit die Wurzeln das Metall gut aufnehmen können, muss der pH-Wert unter 4,5 liegen. Da Hortensien von Natur aus empfindlich gegenüber Kalk reagieren, pflanzen Sie sie am besten in Moorbeet- oder Rhododendronerde und gießen sie nur mit Regenwasser. Zwischen Anfang Mai und Anfang Juni geben Sie viermal 3 g Alaun pro Liter Gießwasser dazu. Auch bereits rosa blühende Hortensien lassen sich mit dem gelösten Aluminiumsalz in etwa zwei Jahren wieder nach Blau umfärben. Weiße Hortensien dagegen bleiben weiß, da sie keinen Farbstoff enthalten.

# DIE EINZELNEN NÄHRSTOFFE

Es würde den Rahmen dieses Buches sprengen, auf alle Nährstoffe einzeln einzugehen, doch ein paar für die Pflanze besonders wichtige werden im Folgenden vorgestellt.

Große Brennnessel *(Urtica dioica)*

## STICKSTOFF

Dieses Nährelement ist für Pflanzen – wie für alle anderen Lebewesen – ein grundlegender Baustein. Sie benötigen es für Eiweiße und Nukleinsäuren wie die DNA, in der die Erbinformationen gespeichert sind. Außerdem brauchen Pflanzen Stickstoff, um Chlorophyll herzustellen.
Im Stickstoffkreislauf der Natur wird der in Pflanzen und Tieren als organische Substanz gebundene Stickstoff als Ammoniak freigesetzt. Dieses reagiert sofort mit Wasser zu Ammonium. Gehölze können diesen Ammoniumstickstoff über Pilzwurzeln (Ektomykorrhiza, siehe S. 37) aufnehmen. Andernfalls wandeln besondere Bodenbakterien das Ammonium mithilfe von Sauerstoff zu Nitrat um. Somit kann eine Pflanze sowohl mit Ammonium als auch mit Nitrat etwas anfangen. Wenn Pflanzendünger nicht Nitrat, sondern Ammonium enthält, hängt dies damit zusammen, dass Ammonium sich sehr gut an Bodenteilchen anlagert, während Nitrat in der Bodenflüssigkeit bleibt und damit leicht ausgewaschen werden kann. Gute Stickstofflieferanten sind Kompost, Hornspäne, Schafwolle, Brennnesseljauche und Pferdemist.
Eine Gründünung mit Klee *(Trifolium)*, Saat-Luzerne *(Medicago sativa)* oder anderen Hülsenfrüchtlern (Fabaceae) bringt über die stickstofffixierenden Bakterien in den Wurzelknöllchen dieser Pflanzen Stickstoff aus der Luft in den Boden (siehe S. 39).

## FLEISCHFRESSER

Einige Pflanzen haben ausgefallene Nährstoffquellen erschlossen: Fleischfressende Pflanzen wie Schlauchpflanzen *(Sarracenia)*, Kannenpflanzen *(Nepenthes)*, Venusfliegenfalle *(Dionaea muscupula)* und Sonnentau *(Drosera)* leben auf ausgesprochen nährstoffarmen Böden. Um ihren Bedarf an Mineralstoffen, vor allem Stickstoff, zu decken, fangen sie mit besonders ausgebildeten Blättern Insekten und andere Kleintiere und verdauen diese.

## GARTEN-TIPP

Schlauchpflanzen (Foto: Gelbe Schlauchpflanze, *Sarracenia flava*) sind recht gut winterhart. Sie lassen sich im Garten im sonnigen Moorbeet oder in einem eingesenkten, großen Kübel mit ungedüngtem Torf kultivieren. Wichtig ist, dass der Torf immer nass ist – diese Pflanzen brauchen dauernd nasse Füße. Zum Gießen Regenwasser oder kalkarmes Wasser verwenden!

## PHOSPHOR

Phosphor ist wie Stickstoff ein lebenswichtiger Nährstoff, den die Pflanze in größeren Mengen benötigt. Bei allen Prozessen, bei denen die Pflanze Energie verbraucht, spielt er eine zentrale Rolle: Er ist Baustein des Energieträgers Adenosintri**phosphat** (ATP). Ohne Phosphor könnte die Pflanze weder Fotosynthese betreiben noch atmen. Außerdem ist Phosphor unverzichtbar beim Aufbau der Zellwände und der Nukleinsäuren sowie für verschiedene Eiweiße und Enzyme. Darüber hinaus fördert er die Entwicklung von Blüten. Phosphor liegt im Boden als Phosphat vor. In die Pflanzen gelangt er zum Beispiel mithilfe einer vesikulär-arbuskulären Mykorrhiza (siehe S. 37). Besonders auf sauren oder alkalischen Böden sowie auf stark verdichteten Flächen können Pflanzen jedoch oft zu wenig Phosphor aufnehmen. Dann färben sich ihre Blätter erst dunkelgrün und dann rötlich-violett. Die Symptome treten zuerst am Blattrand auf und breiten sich dann auf die Blattspreite aus. Dort können halbmondförmige braune Flecken auftreten. Die Pflanze, besonders auch ihre Wurzeln, wächst schwächer und es entstehen nur wenige Blütenknospen. In solchen Fällen hilft Phosphatdünger. Gute Phosphorlieferanten sind Kompost, Hornspäne und Brennnesseljauche. Auf sauren Böden lässt sich ein Mangel auch beheben, indem man diese kalkt oder Knochenmehl ausbringt.

## KALIUM

Dieses Element reguliert den Wasserhaushalt der Pflanzen. Es sorgt dafür, dass sie Wasser gut aufnehmen und nicht zu viel über die Blätter verdunsten. Die Spaltöffnungen (siehe S. 66) können sich nur öffnen und schließen, wenn der Kaliumhaushalt stimmt. Durch Kalium werden die Zellen fest und erhalten eine Spannung – ähnlich einem aufgeblasenen Ballon. So werden die Gewächse widerstandsfähiger gegen Frost und Schädlinge, besonders gegen Pilze. Außerdem aktiviert Kalium verschiedene Enzyme im Stoffwechsel einer Pflanze und fördert die Entwicklung von Wurzeln und Knollen.

Die Pflanze nimmt Kalium aus der Bodenlösung auf. Gute Kaliumlieferanten sind Urgesteinsmehl, Kompost, Brennnesseljauche, Algendünger, Geflügelmist, Holzasche.

## BLEICHSUCHT

**Bleichsucht (Chlorose)** entsteht, wenn die Blätter nicht ausreichend Chlorophyll bilden oder dieses abbauen – sie werden gelbgrün bis gelblich weiß, manchmal auch fleckig und trocknen von außen nach innen ein. Je nach Ausprägung fallen die Blätter ab und die Pflanze beginnt zu kümmern. Eine solche Bleichsucht kann jede Pflanze treffen, allerdings sind die Gewächse unterschiedlich anfällig. Auch die Auslöser können sehr verschieden sein, sie reichen von Stickstoffmangel, ungenügender Eisenaufnahme bis zu Staunässe oder zu niedrigen Bodentemperaturen. Auf der Suche nach der Ursache gilt es also, sowohl die Standort- als auch die Wachstumsbedingungen zu prüfen.

### BLEICH DURCH EISENMANGEL

Besonders häufig liegt ein Eisenmangel zugrunde: Menschen mit Eisenmangel werden blass – Pflanzen auch! Meist sind zuerst die jüngeren Blätter betroffen, die Blattadern bleiben am längsten dunkelgrün. Es hilft hier nicht in jedem Fall, den Boden mit Eisen zu düngen: Wenn der pH-Wert des Bodens hoch ist, können manche säureliebenden Pflanzen wie Rhododendren *(Rhododendron)*, Zitruspflanzen *(Citrus)* und Kartoffel-Rose *(Rosa rugosa)* das Eisen daraus einfach nicht aufnehmen, egal wie viel davon vorhanden ist. An einer solchen **Kalkchlorose** leidende Arten können wieder ergrünen, wenn man Moorbeet- oder Rhododendronerde in den Boden einarbeitet oder den Boden mit Nadelstreu abdeckt. Eisendünger hilft hier auch, aber nur, wenn der Umweg über den Boden vermieden wird: diesen also verdünnt als Blattdünger mit einer Sprühflasche auf die Pflanzen sprühen.

Die Kartoffel-Rose *(Rosa rugosa)* leidet häufig an Kalkchlorose.

Kalkchlorose an Zitrone

## BLATTDÜNGUNG

Pflanzen können kleine Mengen Nährstoffe auch direkt über ihre Blätter aufnehmen. Dies geschieht über Spaltöffnungen, Haare oder über die Kutikula. So gelangen die Stoffe rasch und ohne größere Verluste dorthin, wo sie benötigt werden.

## BLEICH DURCH STICKSTOFFMANGEL

In diesem Fall entfärben sich besonders die älteren Blätter, und zwar ausgehend von der Blattspitze. Das Blattgrün in ihnen wird abgebaut und sein Stickstoff in die jüngeren Blätter verlagert. Auch bei einer solchen Chlorose heißt es nicht unbedingt, dass der Boden zu wenig des Nährelements enthält. Wenn jedoch organische Stoffe wie Falllaub, Mulch oder Rasenschnitt eingearbeitet werden oder auf dem Boden liegen, gehen Bakterien – zusammen mit Bodenpilzen und anderen Mikroorganismen – ans Werk und bauen diese ab. Sie setzen die darin enthaltenen Nährstoffe frei, ein Vorgang, der als **Mineralisierung** bezeichnet wird. Der Stickstoff liegt dann als Ammonium vor. Wie rasch die Mineralisierung geschieht, hängt davon ab, wie das Verhältnis von Kohlenstoff zu Stickstoff in dem abzubauenden Material ist – je enger, desto schneller. Bei krautigen Pflanzenteilen geht es recht rasch, bei holzigen Pflanzenteilen dagegen dauert es lange. Die Zersetzungsprozesse beeinflussen auch den umgebenden Boden: Die Bakterien entziehen ihm Stickstoff für ihre eigene Entwicklung – es kommt zu einer sogenannten **Stickstoff-Festlegung**. Pflanzen können erst wieder darauf zurückgreifen, wenn die Bakterien absterben.

## GARTEN-TIPP

Ist Boden mit Rindenmulch abgedeckt, ist das Kohlenstoff-Stickstoff-Verhältnis sehr ungünstig. Der Stickstoff des Bodens wird festgelegt und es besteht die Gefahr einer Chlorose. Es empfiehlt sich deshalb, Hornspäne auszustreuen und erst darauf den Rindenmulch zu verteilen. Leidet die Pflanze bereits an Bleichsucht, helfen Gaben von Stickstoffdünger.

## GARTEN-TIPP

Rund um einen Neubau fehlt gewöhnlich der humusreiche Oberboden. In solchen Fällen müssen Sie Mutterboden auffüllen. Im Idealfall haben Sie diesen vor dem Ausheben der Baugrube abtragen und auf dem eigenen Grundstück lagern lassen. Vergessen Sie nicht, den Untergrund vor dem Auftragen des Mutterbodens zu lockern. Sonst kann weder Regenwasser versickern noch Wasser von tieferen Bodenschichten aufsteigen.

## MÜDE BÖDEN

Manchmal wachsen Pflanzen auch auf frisch gedüngten Böden nicht mehr gut. Fachleute sprechen in solchen Fällen von **Bodenmüdigkeit**. Oft betrifft das Phänomen nur bestimmte Gewächse – so kommt es etwa zu Rosen-, Kartoffel- oder Apfelmüdigkeit. Warum es den Pflanzen mit der Zeit nicht mehr so recht passt, kann ganz verschiedene Gründe haben. Manchmal fehlen bestimmte Spurennährstoffe im Boden. Es kann aber auch sein, dass sich der pH-Wert geändert hat, Schädlinge im Boden zugenommen haben oder nützliche Mikroorganismen abgestorben sind. Oft spielen auch von Pflanzenwurzeln ausgeschiedene Stoffe eine Rolle. Damit Böden nicht ermüden, hilft es unter anderem, die angepflanzten Arten zu wechseln und mit Kompost zu düngen.

## BODENFEUCHTE

Das Wasser, das Pflanzen benötigen, nehmen sie in der Regel aus dem Boden auf. Es stammt in erster Linie aus Niederschlägen und zum Teil aus dem Grundwasser. Je nach Bodenart kann diese unterschiedlich viel des kostbaren Nasses aufnehmen und speichern. In sandigen Böden versickert Regen rasch. In Tonböden binden Tonminerale das Bodenwasser. Humus speichert bis zu 90 Prozent seines Gewichts an Wasser.

## DIE RICHTIGE WAHL

Jede Pflanzenart hat bestimmte Ansprüche an den Boden, an die Besonnung und an viele weitere Faktoren. Während wir Licht oder Schatten sowie windige und windgeschützte Standorte oder auch die Temperatur sehr gut einschätzen oder messen können, ist es mit den Bodenverhältnissen oft nicht so einfach. Damit wir für unseren Garten jedoch die richtigen, passenden Gewächse heraussuchen können, brauchen wir auch ein paar Informationen zum Boden. Denn: Auf den falschen Untergrund gepflanzt, kommt es zu Mangelerscheinungen oder die Pflanzen kümmern und verschwinden.

Das Leberblümchen *(Hepatica nobilis)* braucht Lehm- oder Kalkböden.

Besenheide *(Calluna vulgaris)* wächst auf sauren, kalkfreien Sandböden.

## HUNGER IM NAMEN

Das Frühlings-Hungerblümchen *(Draba verna)* ist keine klassische Zeigerpflanze. Es kommt mit sehr wenig Erde und Nährstoffen aus und wächst oft auf winzigen, offenen Bodenflächen oder in Ritzen. Je nach Standort wird es zwischen 2 und 25 cm hoch.

## ZEIGERPFLANZEN

Zeigerpflanzen, auch Indikatorpflanzen genannt, helfen dabei herauszufinden, wie ein Boden oder ein bestimmter Standort beschaffen ist. Sie haben ganz bestimmte Vorlieben und wachsen praktisch nur dort, wo es ihnen passt. So können sie Hinweise auf Bodenart, pH-Wert, Wasserführung und Nährstoffgehalt geben. Eine einzelne Pflanze reicht jedoch meist nicht für entsprechende Rückschlüsse. Taucht eine Art aber in größerer Zahl auf oder wachsen verschiedene Pflanzenarten mit denselben Vorlieben beieinander, geben sie einen guten Anhaltspunkt. Nur wer es ganz genau wissen möchte, braucht dann noch eine Bodenanalyse von einem Fachmann oder einer Fachfrau.

Viele der als Zeigerarten dienenden Wildpflanzen wachsen ganz von selbst auch in Gärten – oft von den Gartenbesitzern als «Unkräuter» gehasst und mit der Hacke verfolgt. Einige Beispiele:

## WILDE ZEIGERPFLANZEN IM GARTEN

| ZUSTAND DES BODENS | ZEIGERPFLANZEN |
|---|---|
| nährstoffarm<br> | Weiß-Klee *(Trifolium repens)*<br>Kleiner Wiesenknopf *(Sanguisorba minor)*<br>Mauerpfeffer *(Sedum)*<br>Wilde Möhre (*Daucus carota* subsp. *carota*, Foto) |
| allgemein nährstoffreich<br> | Gewöhnlicher Löwenzahn (*Taraxacum officinale*, Foto)<br>Acker-Kratzdistel *(Cirsium arvense)*<br>Gewöhnlicher Gundermann *(Glechoma hederacea)*<br>Kletten-Labkraut *(Galium aparine)*<br>Gewöhnliche Knoblauchsrauke *(Alliaria petiolata)* |
| stickstoffreich<br> | Große Brennnessel *(Urtica dioica)*<br>Gewöhnlicher Giersch *(Aegopodium podagraria)*<br>Hirtentäschel *(Capsella bursa-pastoris)*<br>Schwarzer Holunder *(Sambucus nigra)*<br>Gewöhnliche Vogelmiere (*Stellaria media*, Foto) |
| kalkhaltig / hoher pH-Wert<br> | Acker-Senf *(Sinapis arvensis)*<br>Klatsch-Mohn *(Papaver rhoeas)*<br>Huflattich *(Tussilago farfara)*<br>Kleiner Odermennig *(Agrimonia eupatoria)*<br>Echtes Leinkraut *(Linaria vulgaris)*<br>Acker-Winde *(Convolvulus arvensis)*<br>Acker-Gauchheil *(Anagallis arvensis)*<br>Wegwarte (*Cichorium intybus*, Foto) |
| saurer / niedriger pH-Wert<br> | Acker-Minze *(Mentha arvensis)*,<br>Kleiner Sauerampfer *(Rumex acetosella)*<br>Schmalblättriges Weidenröschen (*Chamaenerion angustifolium*, Foto) |

STRATEGIEN DER PFLANZEN

# ÜBERDAUERN

Pflanzen haben je nach Lebensform unterschiedliche Wege gefunden, wie sie ungünstige Zeiten bewältigen.

# DIE GRUNDLAGEN

Besonders die kalte Jahreszeit ist eine große Herausforderung für Pflanzen – zumindest für solche, die in Gewässern leben oder fest im Boden verwurzelt sind und die wir nicht als Topf- oder Kübelpflanzen im Winter in einen frostfreien Raum bringen. In neuerer Zeit haben die Gewächse bei uns außerdem zunehmend mit Dürreperioden zu kämpfen.

## ÜBERDAUERUNGSFORMEN

### Samen

Es ist für eine Pflanzenart eine gute Lösung, in Form von Samen zu überdauern (siehe S. 116). Die Evolution hat ja genau diese Gebilde geschaffen, um die Blütenpflanzen so erfolgreich an das Leben auf dem Land anzupassen. Die Strategie hilft jedoch nur dem Nachwuchs und nicht der Mutterpflanze. Außerdem ist eine Pflanze, die jedes Jahr wieder von vorne anfängt, in der Größe begrenzt.

### Erneuerungsknospen/Sprossknospen

Bei Bäumen und Sträuchern müssen die Meristeme Frost ertragen. Damit sie nicht vertrocknen, sind sie durch Knospenschuppen dicht und fest eingehüllt. Bei diesen Schuppen handelt es sich um besondere Blätter. Sie sind viel einfacher geformt und gebaut als Laubblätter und meistens ziemlich trocken und fest. Bei vielen Nadelgehölzen, Rosskastanien *(Aesculus)*, Pappeln *(Populus)*, Kirschen *(Prunus)* und andern verkleben die Knospenschuppen durch Harze

Stern-Magnolie *(Magnolia stellata)*

Gewöhnliche Rosskastanie *(Aesculus hippocastanum)*

### NACKT DURCH DEN WINTER

Der Wollige Schneeball *(Viburnum lantana)* ist einer der wenigen Sträucher, der seine empfindlichen Erneuerungsgewebe nicht durch Knospenschuppen schützt. Bei ihm stehen am Ende der Zweige sogenannte «nackte Knospen» mit dicht behaarten jungen Laubblättern.

oder gummiartige Ausscheidungen. Sie verhindern so, dass Krankheitserreger wie Schadpilze und Bakterien oder Schädlinge eindringen. Die Knospen können auch – wie bei Magnolien *(Magnolia)* – Haare tragen. Beim Austreiben im Frühjahr fallen die Knospenschuppen ab.

Im oder nahe am Boden sitzende Sprossknospen von Stauden und Zwergsträuchern weisen in der Regel keine besonderen Schutzeinrichtungen auf: Sie profitieren vom Schutz von Schnee, Laub oder anderen abgestorbenen Pflanzenteilen.

## Anpassungen der Grundorgane

Andere Stauden bilden aus Wurzeln, Sprossachsen oder Blättern oder mehreren dieser Grundorgane besondere Überdauerungsorgane. Gegenüber bloßen Knospen bieten sie den Stauden den Vorteil, dass sie gleichzeitig Kohlenhydrate und andere Nährstoffe speichern können. Die meisten Frühjahrsblüher überwintern mit Rhizomen, Zwiebeln oder Knollen. Dank der gespeicherten Nährstoffe können sie besonders rasch austreiben – im Wald noch bevor die Bäume belaubt sind und ihnen das Licht wegnehmen.

Die Große Fetthenne *(Sedum telephium)* überdauert mit verdickten, rübenförmigen Wurzeln und einem kleinen Rhizom mit Sprossknospen an der Basis abgestorbener Triebe.

Bärlauch *(Allium ursinum)* bildet schmale Zwiebeln.

# DER KAMPF GEGEN DIE KÄLTE

Jede Pflanzenart ist an ein bestimmtes Klima angepasst. Wenn wir also Pflanzen aus der ganzen Welt in unsere Gärten holen, haben diese unterschiedliche Ansprüche und sind in unserem Klima verschieden robust. Besonders die Kältetoleranz kann dabei zu einem Problem werden, denn niedrige Temperaturen und besonders Frost bedeuten Stress für die Pflanze: Wenn Wasser gefriert, dehnt es sich aus. Dies passiert auch in den Zellen – dann können die Zellwände platzen und die Pflanzen den Eistod sterben. Nach dem ersten Frost liegen deshalb Kapuzinerkresse *(Tropaeolum)*, Petunien *(Petunia)* und andere Gewächse glasig und schlaff auf dem Boden. Der Blattsalat, der im Kühlschrank an das Kühlaggregat gefroren ist, zeigt dasselbe Phänomen.
Wenn der Boden immer wieder gefriert und auftaut, reißen durch die Bodenbewegungen oft auch Wurzeln ab. Doch nicht nur deshalb können die Gewächse auch verdursten: Da sie gefrorenes Wasser nicht aufnehmen können, versiegt der Wasserstrom von den Wurzeln nach oben. Besonders bei starkem Wind oder Sonnenschein verdunsten sie jedoch trotzdem Feuchtigkeit und ihre Blätter, Zweige und Knospen verdorren. Immergrüne Gewächse wie Rhododendren *(Rhododendron)* sollten deshalb im Garten einen halbschattigen und windgeschützten Platz erhalten.

## GARTEN-TIPP

Es ist nicht zu unterschätzen, wie viel Wasser Pflanzen auch in der Ruhezeit im Winter verdunsten. Exemplare, die in (oft kleinen) Blumenkübeln oder Kästen im Freien überwintern, müssen deshalb in frostfreien Zeiten regelmäßig gegossen werden. Selbst nur wenig winterharte Arten erfrieren in Blumenkübeln viel seltener, als dass sie vertrocknen.

Borretsch *(Borago officinalis)* friert bei Frost ab.

## WEICHLINGE UND HARTGESOTTENE

Die einzelnen Pflanzenarten sind unterschiedlich widerstandsfähig gegenüber Minustemperaturen im Winter. Um die richtige Art für den jeweiligen Standort auszuwählen, teilen Fachleute sie in 11 verschiedene Winterhärtezonen ein, die sie zusätzlich mit «a» und «b» in Halbzonen unterteilen. Auf Pflanzetiketten steht die Angabe meist mit dem Kürzel «WHZ». Je unempfindlicher die Pflanze gegenüber Kälte ist, desto niedriger ist die Zahl. In Zone 1 fallen Pflanzen, die unter -45,5 °C ertragen – das sind nur wenige Gewächse der Polarregionen. Zone 11 umfasst Pflanzen, die mehr als 4,4 °C benötigen, um nicht zu erfrieren. Hierher gehören Pflanzen der Tropen. In Mitteleuropa sind hauptsächlich die Winterhärtezonen 6b bis 8b und damit Minimaltemperaturen zwischen -20,5 °C und -6,7 °C zu finden. Eine Winterhärtezonenkarte hilft dabei, an jedem Ort für das Freiland passende Pflanzen auszuwählen. Forschende haben sie kürzlich aufgrund der aktuellen Klimaänderungen in Europa aktualisiert.

## FROSTSCHUTZ

Damit das Wasser in ihren Zellen bei Minusgraden nicht gefriert, nutzen Pflanzen Tricks aus Physik und Chemie: Um eine Flüssigkeit unterkühlen zu können, dürfen in ihr keine Kristallisationskeime vorliegen. So verzögert sich das Gefrieren in den Blättern vieler Pflanzen auf bis -5 °C, im Holz von Bäumen der gemäßigten Zone auf bis zu −40 °C. Außerdem können frostresistente Pflanzen ihren Stoffwechsel umschalten, sobald es kälter wird: Sie bilden den Zuckeralkohol Glycerin, der auch in Frostschutzmitteln für Autos enthalten ist. Zudem zerlegen sie gespeicherte Stärke in Glukose. Beide Stoffe lösen sich und vermischen sich so mit den Flüssigkeiten des Zellinhalts, dass deren Gefrierpunkt sinkt. Die Konzentration von Stoffen in der Zelle steigt zusätzlich dadurch, dass sich Eis zuerst zwischen den Zellen bildet und dadurch der Zelle Wasser entzieht, ohne diese zu schädigen.
Polsterpflanzen wenden noch einen anderen Trick an: Ihre dichten Polster schützen die Knospen nicht nur, indem ihre Sprosse dicht beieinanderstehen. Sie heizen sich bei Son-

Polsterpflanzen in einem Trog

nenschein regelrecht auf: Messungen haben ergeben, dass bei einer Außentemperatur von 0 °C im Innern eines Polsters bis zu 15 °C erreicht werden können. Auch in kalten Nächten bleiben im schützenden Luftraum des Polsters Kälteschäden aus. Ähnliches erreichen wir im Garten, wenn wir Pflanzen im Winter in Säcke oder andere Hüllen packen.

## GEFÄHRLICHES FRÜHJAHR

Wie viel Frost eine Pflanze erträgt, hängt auch mit ihrem Entwicklungszustand zusammen. Besonders empfindlich ist sie im späten Frühjahr, sobald sie mit dem Austrieb begonnen hat. Ihr Stoffwechsel ist nun auf Wachstum eingestellt, die jungen, aus den Knospen entfalteten Blätter und Blüten sind noch zart und weich. Nun reicht eine einzige kalte Nacht, um Magnolien- und Kirschblüten erfrieren zu lassen.

## DER KAMPF GEGEN DIE DÜRRE

Pflanzen sind je nach Art unterschiedlich gut an Austrocknung angepasst. Eine gute Strategie für sie ist es, Trockenperioden mit Samen, Zwiebeln, Knollen oder Rhizomen zu überdauern. Andere Pflanzen werfen bei Dürre ihre Blätter ab. Sukkulente Pflanzen greifen bei Wassermangel auf die Flüssigkeitsspeicher in ihren Geweben zurück. Doch irgendwann ist für jedes Gewächs eine Grenze des Erträglichen erreicht. Trocknet der Boden so stark aus, dass die Gewächse daraus kein oder nicht mehr ausreichend Wasser aufnehmen können, schließen die Pflanzen in einem ersten Schritt ihre Spaltöffnungen, um möglichst wenig Flüssigkeit zu verdunsten. Doch damit können sie den Wasserverlust nicht vollständig einschränken.
Bleibt es weiterhin trocken, so welken sie: Der Druck in ihren Zellen lässt nach, lebende

Gefüllte Kissen-Primeln (*Primula vulgaris* Sorten)

### GARTEN-TIPP

Pflanzen, die den Winter über im Wintergarten verbracht haben oder aus dem Gewächshaus stammen, sind bei einem Umzug ins Freie stark gefährdet – dies nicht nur in Bezug auf Kälte, sondern auch wegen Sonne und Wind. Sie sollten schrittweise umgewöhnt werden, indem sie anfangs nur ein paar Stunden an wärmeren Tagen an einen schattigen, windgeschützten Ort nach draußen dürfen. Frühestens nach etwa einer Woche dürfen sie mehr in die Sonne und an frostfreien Tagen auch nachts draußen sein.

Zellen mit nicht ausreichend versteiften Zellwänden werden schlaff. Bekommen sie nun rechtzeitig wieder Wasser, können sie ihre Zellen wieder füllen und unbeschadet aus der Mangelphase hervorgehen. Die meisten Pflanzengewebe können einen Wasserverlust von bis zu 50 Prozent ertragen. Dauert eine Dürre jedoch länger an und die Pflanzen trocknen noch mehr aus, so wird ein permanenter Welkepunkt erreicht. Ab diesem Punkt sterben Blätter, Triebe oder die ganze Pflanze ab. Meistens sind die obersten Blätter und Sprossspitzen zuerst davon betroffen. Viele Sträucher wie Johannisbeeren *(Ribes)* sowie Bäume wie Äpfel *(Malus)* und Rot-Buche *(Fagus sylvatica)* werfen bei Dürre ihr Laub vorzeitig ab. Im Gegensatz zu einem herbstlichen Laubfall schaffen sie es in solchen Situationen meist nicht, das Chlorophyll abzubauen und Nährstoffe aus den Blättern zurückzuziehen (siehe S. 78). Somit verlieren sie mit den vertrockneten Blättern nicht nur die Möglichkeit, weiterhin Fotosynthese zu betreiben, sondern auch wichtige Nährelemente: Sie hungern, um nicht zu verdursten. Bäume können bei extremem Trockenstress sogar große Äste verlieren – ein durch die Klimaerwärmung bereits seit einigen Jahren zunehmendes Problem in Parks, Städten und manchen Wäldern.

Wenn Pflanzen längeren und wiederholten Trockenphasen ausgesetzt sind, versuchen sie, dem noch auf andere Weise entgegenzuwirken: Ihre Wurzeln wachsen stärker als ihre oberirdischen Organe. So können sie tiefer in den Boden vordringen und damit eher an Grundwasser gelangen. Gleichzeitig senken sie ihre Verdunstung durch eine geringere Blattfläche.

## GARTEN-TIPP

Oleander *(Nerium oleander)*

Wenn Sie an heißen Sommertagen Pflanzen im Garten und auf dem Balkon gießen, sollten Sie dies in den frühen Morgenstunden tun. Dann kann viel Wasser in den Boden einsickern, ohne zu verdunsten, und die Wurzeln können die Feuchtigkeit aufnehmen. Außerdem haben Pilzsporen und Schnecken in den folgenden heißen Stunden kaum Chancen, den Pflanzen zu schaden.

Nostalgische Rose mit Raureif

STRATEGIEN DER PFLANZEN

# VERMEHREN

Die Vermehrung ist ein zentrales Merkmal des Lebens. Jede Art hat hierzu Strategien entwickelt, mit der sie für ihre Vervielfältigung und den Erhalt ihrer Art sorgt.

# DIE GRUNDLAGEN

## AUS EINS MACH VIELE

Die **generative Vermehrung** der Pflanzen baut auf die geschlechtliche Fortpflanzung über Samen und kombiniert dabei in der Regel die Gene neu (siehe S. 88).

Pflanzen können sich jedoch auch ungeschlechtlich vervielfältigen: über **vegetative Vermehrung**. Viele tun dies von ganz alleine. Sie nutzen dabei ihre unterschiedlichen Grundorgane, um zum Beispiel Ausläufer oder Brutpflanzen zu bilden. Anderen müssen wir etwas «unter die Arme greifen», um sie zu vermehren. Alle durch vegetative Vermehrung entstandenen Pflanzen besitzen das gleiche Erbgut – sie sind **Klone**. So können etwa besondere Blütenfarben, Blattformen oder Wuchstypen erhalten bleiben, ein wichtiger Aspekt für Zuchtbetriebe! Ein Nachteil ist allerdings, dass bei der Mutterpflanze vorhandene Pflanzenkrankheiten verschleppt werden können.

Ein Sonderfall der vegetativen Vermehrung ist auf den ersten Blick oft gar nicht als solcher zu erkennen: Einige Pflanzen können ohne sexuelle Vorgänge Samen ausbilden: Ihre Samenanlagen entwickeln sich auch ohne Bestäubung mit Pollenkörnern und nachfolgender Befruchtung zu keimfähigen Samen, ein Prozess, der als **Agamospermie** bezeichnet wird. Die aus diesen Samen wachsenden Pflanzen sind ebenso wie auf andere Art vegetativ entstandene Individuen erbgleich mit der Mutterpflanze, also Klone. Besonders häufig kommt diese Vermehrungsform bei Löwenzahn *(Taraxacum)*, Habichtskraut *(Hieracium)*, Frauenmantel *(Alchemilla)* und Brombeere *(Rubus)* vor.

Gewöhnlicher Löwenzahn *(Taraxacum officinale)*

## GARTEN-TIPP

Beim Gewöhnlichen Löwenzahn entsteht durch Agamospermie aus jeder Blüte des Körbchens eine Frucht mit einem Fallschirm. Selbst im Knospenstadium abgeschnitten, kann dies noch passieren – etwa auf dem Kompost oder im Mähgut, das als Mulch auf dem Beet liegt. Soll der Löwenzahn aus dem Garten entfernt werden, zupfen Sie die Körbchen am besten kurz nach der Blüte ab und entsorgen diese in der Grüntonne. So können sich zuvor noch Bienen und andere Insekten an den Blüten laben.

## LEBEND GEBÄREND

Manche Gewächse entwickeln Jungpflanzen im Bereich der Blüten oder Blütenstände. Dies sieht dann so aus, als ob die Samen direkt auf der Mutterpflanze auskeimen. Solche Pflanzen gibt es tatsächlich – sie sind vivipar, also **lebend gebärend**. Ihre Keimlinge wachsen bereits aus den Samen heraus, während die Frucht noch mit der Mutterpflanze verbunden ist. In vivipar entstandenen Jungpflanzen sind die Gene neu kombiniert.
Eine solche Strategie kann für Pflanzen von Vorteil sein, die unter extremen Bedingungen leben. So sind die Mangrovenbäume im Gezeitenbereich tropischer Küsten regelmäßig lebend gebärend. Sie lassen ausgewachsene Jungpflanzen wie Torpedos in den Schlick fallen oder übergeben große Keimlinge den Gezeitenströmen. Manchmal tritt Viviparie auch bei Mais *(Zea mays)* und anderen Pflanzen als zufällige Mutation auf und kann dann von Zuchtbetrieben weitervermehrt werden.

Zwiebel-Rispengras (*Poa bulbosa* var. *vivipara*)

Es gibt aber auch Gewächse, die nur auf den ersten Blick lebend gebärend sind. Bei ihnen sind es nicht Samen, die austreiben, sondern Brutknospen im Bereich des Blütenstandes, die noch auf der Mutterpflanze zu Tochterpflanzen auswachsen. Der Nachwuchs ist bei diesen pseudoviviparen Pflanzen also nur ein Klon der Mutterpflanze. In vielen Fällen können die Pflanzen alternativ oder zusätzlich noch Früchte mit Samen bilden. Hierher zählen das Alpen-Rispengras (*Poa alpina* var. *vivipara*) und der Knöllchen-Knöterich *(Bistorta vivipara)*. In den Gebirgshöhen, in denen sie ursprünglich vorkommen, können Samen oft nicht ausreifen – die vegetative Vermehrung ist dann eine gute Alternative. Auch Lauch-Arten *(Allium)* zeigen häufig Pseudoviviparie.

Etagen-Zwiebel (*Allium cepa* var. *viviparum*)

## AB IN DIE FLÄCHE

Es gibt allerlei Möglichkeiten, wie sich Pflanzen vegetativ vermehren oder Menschen dies in die Hand nehmen können.

Viele Arten bilden oberirisch oder unterirdisch kriechende, verlängerte Seitensprosse, die von der Stängelbasis, der Blattrosette oder dem Wurzelhals ausgehen. Diese **Ausläufer** oder Kriechsprosse (Stolonen) können blattlos sein und nur aus einem einzelnen Internodium bestehen oder sie haben Niederblätter und mehrere Knoten. An diesen können sie sprossbürtige Wurzeln und neue aufstrebende Sprosse bilden, die – wenn sie den Kontakt zur Mutterpflanze verlieren – als neue Pflanzen selbstständig werden. Oft ist es nicht einfach zu entscheiden, ob es sich um einen Wurzelstock (Rhizom, siehe S. 42) oder um einen Ausläufer handelt. Allgemein gilt jedoch, dass Ausläufer im Unterschied zu Rhizomen keine nennenswerte Speicherfunktion haben und deshalb meistens ziemlich dünn sind. Gleichzeitig sind ihre Internodien oft sehr lang. Bei der Kartoffel *(Solanum tuberosum)* entstehen an den unterirdischen Ausläufern stärkespeichernde Sprossknollen – die Kartoffeln.

Kartoffel 'Blaue Ludiano'

Manche Pflanzen gehen mit ihren Ausläufern im Garten sogar auf Wanderschaft: Die Mutterpflanze verschwindet an der Stelle, an die sie gepflanzt wurde. Stattdessen entwickeln sich in ihrem Umkreis genetisch identische Nachkommen. Bei der Himbeere *(Rubus idaeus)* lässt sich dies gut beobachten: Jeder ihrer Sprosse lebt nur zwei Jahre und die neuen Triebe wachsen in einigem Abstand vom alten Platz entfernt auf.

Bei Zypressen-Wolfsmilch *(Euphorbia cyparissias)* entwickeln sich nach der Blüte Sprossknospen an der Stängelbasis, die zu Ausläufern auswachsen.

## VON OBEN ABGESENKT

Entstehen die neuen Pflanzen an oberirischen Ausläufern, bezeichnet man sie auch als **Absenker**. Bei rosettenbildenden Gewächsen wie Erdbeeren *(Fragaria)*, Gänse-Fingerkraut *(Potentilla anserina)* und Kriechendem Günsel *(Ajuga reptans)* wachsen an der Spitze und den Knoten dünner Ausläufer neue, sich bewurzelnde Blattrosetten. Bei Hauswurzen

*(Sempervivum)* entwickeln sich diese nur an deren Spitze. Beim Gewöhnlichen Efeu *(Hedera helix)* bewurzeln sich lange, oberirdische, beblätterte Sprosse an den unterschiedlichsten Stellen, sobald sie Kontakt mit einem geeigneten Substrat bekommen, und können dadurch selbstständig werden.

Auch viele krautige Pflanzen, Halbsträucher und Sträucher mit waagerechten Sprossen bilden Absenker und damit oft dichte Bestände. Manchmal bewurzeln sich auch Sprosse oder Äste, wenn sie durch Sturm oder ihr Eigengewicht zu Boden gedrückt werden und diesen berühren.

Kriechender Günsel

Gänse-Fingerkraut

Spinnweb-Hauswurz *(Sempervivum arachnoideum)*

## GARTEN-TIPP

Im Garten lassen sich Absenker zur vegetativen Vermehrung künstlich erzeugen. Am besten geschieht dies im Juni oder Juli. Drücken Sie hierzu von Pflanzen mit flexiblen Trieben einen weichen, nicht stark verholzten Spross nach unten in eine Erdmulde. Fixieren Sie ihn dort mit einem Drahtbügel oder Zelthaken und bedecken Sie ihn mit Erde. Die Triebspitze soll senkrecht aus der Erde ragen. In feuchter Erde bildet der Spross neue Wurzeln und kann dann abgeschnitten werden. Diese Vermehrungsart eignet sich zum Beispiel für Liguster *(Ligustrum)*, Hartriegel *(Cornus)*, Stachelbeere *(Ribes uva-crispa)*, Kultur-Heidelbeere *(Vaccinium corymbosum)*, Garten-Brombeere *(Rubus armeniacus)* und Kletterpflanzen wie Blauregen *(Wisteria)*, Waldrebe *(Clematis)* und Jelängerjelieber *(Lonicera caprifolium)*.

Unterirdische Ausläufer von Maiglöckchen *(Convallaria majalis)*

Essigbaum

Echtes Johanniskraut *(Hypericum perforatum)*

## UNTER DER ERDE VERBORGEN

Oft überrascht es, an welchen Stellen aus dem Boden plötzlich neue Sprosse treiben. Viele herdenbildende Gewächse breiten sich dabei über unterirdische Ausläufer aus. Hierzu zählen Gewöhnlicher Giersch *(Aegopodium podagraria)*, Zitronenmelisse *(Melissa officinalis)*, Minze *(Mentha)* sowie Gräser wie Kriechende Quecke *(Elymus repens)*, Land-Reitgras *(Calamagrostis epigejos)* und manche Seggen *(Carex)*.
Bei Pflaumen *(Prunus domestica)*, Flieder *(Syringa vulgaris)*, Robinie *(Robinia pseudoacacia)*, Essigbaum *(Rhus typhina)*, Götterbaum *(Ailanthus altissima)* und Sanddorn *(Hippophae rhamnoides)* dagegen handelt es sich um **Wurzelbrut**, also um Sprosse, die sich aus neu angelegten Adventivknospen an oberflächennah liegenden Wurzeln entwickeln (siehe S. 149). Solche Austriebe werden auch Wurzelschösslinge, Wurzelausschläge oder Bodentriebe genannt. Bei manchen Arten entstehen sie scheinbar ohne äußeren Anlass, bei anderen wie Rosskastanien *(Aesculus)* oder Linden *(Tilia)* nur nach Verwundung.
Pflanzen, die sich über unterirdische Ausläufer oder Wurzelbrut vermehren, können im Verborgenen in kurzer Zeit eine große

Fläche erobern. Wenn Sie ausläuferbildende Pflanzen oder deren Kinderschar aus dem Garten entfernen möchten, wird das oft zu einem Jäte-Marathon: Aus jedem kleinen Stückchen, das im Boden – oder auf dem Kompost – verbleibt, treibt die Pflanze neu aus. Bei Wurzelbrut hilft es, die Triebe über mehrere Jahre hinweg abzuschneiden, zu mähen oder mit möglichst viel Wurzelwerk auszureißen.

## STOCKTEILUNG

Viele Stauden bilden einen Wurzelstock. Dieser ober- oder unterirdisch kriechende Spross kann mit normalen Blättern oder mit schuppenartigen Niederblättern besetzt sein. Besonders wenn das Rhizom nicht nur zum Überdauern, sondern auch als Speicherorgan dient, kann es wie bei Schwertlilie *(Iris)* oder Weißwurz *(Polygonatum)* stark verdickt sein.

### GARTEN-TIPP

Ausläuferbildende Nutz- und Zierpflanzen lassen sich mit einer Rhizomsperre in Schach halten. Bei Bambus (*Phyllostachys*, Foto) muss diese je nach Art bis einen Meter tief in den Boden reichen. Zitronenmelisse und Minzen *(Mentha)* wachsen gerne auch oben über eine Sperre, deshalb muss diese für sie je nach Sorte bis 40 cm tief reichen und bis 10 cm aus der Erde ragen.

Rhizom der Vielblütigen Weißwurz *(Polygonatum multiflorum)*

Rhizom der Kissen-Primel *(Primula vulgaris)*

Rhizome bringen in der Regel an der Spitze jeder Verzweigung einen neuen Trieb hervor. Sie können jedoch auch in den Achseln ihrer Laub- oder Niederblätter Seitenknospen bilden, wodurch besonders zahlreiche Sprosse aus einem einzigen Rhizom wachsen. Viele Stauden nehmen so innerhalb weniger Jahre eine große Fläche ein und bilden eine große Mutterpflanze oder einen ganzen Schwarm aus scheinbar einzeln stehenden Pflanzen. Solche Wurzelstöcke lassen sich teilen. Dadurch erhält man neue Pflanzen – maximal so viele, wie Triebe oder Knospen am Rhizom sitzen.

Mit der Teilung des Wurzelstocks wirkt man gleichzeitig dem Altern der Mutterpflanze entgegen: In der Regel befindet sich der älteste Teil einer Staude in deren Mitte. Dies führt häufig dazu, dass die Staude von innen verkahlt und kaum mehr blüht. Nun wird es Zeit für eine Verjüngungskur, bei der man die alten Teile des Wurzelstocks entfernt und nur jüngere Abschnitte weiterkultiviert.

Pflanzbereites Stück der Großen Fetthenne *(Sedum telephium)*

## GARTEN-TIPP

Als Faustregel gilt: Teilen Sie Stauden, die im Herbst blühen, im Frühjahr, Pflanzen, die im Frühjahr blühen, dagegen im Herbst. Hierzu holen Sie die Pflanze mit einer Grabgabel oder dem Spaten aus der Erde und schütteln oder spritzen den Wurzelstock ab. Dies lockert den Ballen und erleichtert, passende Teilstücke auszuwählen. Oft lässt sich der Wurzelstock von Hand in kleinere Stücke auseinanderziehen, andere müssen Sie zerschneiden oder sogar zersägen. Wichtig ist, dass jedes Teilstück Wurzeln und mindestens einen Trieb oder eine Knospe aufweist. Angerissene, verletzte, alte oder verholzte Teile sollten Sie entfernen, bevor Sie die Staude an die neue Stelle einpflanzen. Bepudern Sie große Schnittstellen mit Holzkohle, um Fäulnis vorzubeugen. Pflanzen mit einem ausgedehnten Wurzelstock können Sie oft auch ohne Ausgraben direkt im Beet mit dem Spaten zerteilen. Danach heben Sie nur das gewünschte Teilstück aus der Erde.

Verschiedenfarbige Schwertlilie *(Iris versicolor)*

Schwertlilien, hier Gelbe Schwertlilie *(Iris pseudacorus)*, verkahlen häufig von innen.

Gegabelter Wurzelstock einer Schwertlilie

## STECKLINGE

Bei vielen verholzten Pflanzen wie Weiden *(Salix)*, Pappeln *(Populus)*, Johannisbeeren *(Ribes)*, Rosmarin *(Rosmarinus officinalis)* und krautigen Pflanzen wie Basilikum *(Ocimum basilicum)* und Fetthennen *(Sedum)* gelingt es problemlos, Stecklinge abzuschneiden und zu bewurzeln. Manchmal passiert es sogar ungewollt, dass Sprosse in einer Blumenvase Wurzeln ausbilden. Da bei Gehölzen die abgeschnittenen Stecklinge meist verholzt sind, heißen sie auch «Steckhölzer».

An der Schnittstelle bildet ein Steckling einen Wundkallus – eine Zellmasse aus noch undifferenzierten Zellen (siehe S. 149). In einem ersten Schritt verschließt dieser die Wunde. Er hilft dem Steckling auch dabei, an Wasser und Nährstoffe zu gelangen, und ist gleichzeitig die Vorstufe für die Wurzelbildung. Damit sich der Steckling gut bewurzelt, sollte er nicht nur an der Spitze, sondern mit einem Teil seines Sprosses im Wasser oder Boden stecken. So entsteht an den ausreichend feuchten Abschnitten der Sprossachse weiterer Kallus. Bei krautigen Arten erscheint er anfangs meist als kleine Wärzchen, die bald aufbrechen. Dann quillt eine krümelige oder kristallartige, anfangs helle, später auch bräunliche Masse heraus. Bei holzigen Pflanzen beginnt der Prozess meist im Bereich von Korkwarzen. Er zeigt an, dass die Bewurzelung des Stecklings begonnen hat. Meistens wachsen nach ein paar Tagen, manchmal auch erst nach mehreren Wochen, Wurzeln aus dem Kallus heraus. Die Pflanze steuert die Wurzelbildung mithilfe

### GARTEN-TIPP

Weidenwasser eignet sich als natürlicher Wurzelaktivator. Es enthält von der Weide gebildetes Auxin. Schneiden Sie etwa fingerdicke Triebe von Weiden in kürzere Stücke und lösen Sie die Rinde ab. Geben Sie beides in einen Eimer mit Regenwasser. Für 10 Liter Wasser benötigen sie 2 bis 3 Kilo Weide. Lassen Sie den Ansatz einen Tag stehen, bevor Sie die Weiden absieben. Stellen Sie die frisch geschnittenen Stecklinge für einen Tag in das Weidenwasser und stecken Sie sie anschließend in die Erde. Verwenden Sie dieses Wasser auch als Gießwasser, bis Sie feststellen, dass der Steckling austreibt.

des Pflanzenhormons Auxin. Zur Bewurzelung von Stecklingen gibt es auch Bewurzelungspulver mit synthetischen Auxinen zu kaufen. Diese sind im Gegensatz zu dem natürlich vorkommenden Pflanzenhormon wesentlich stabiler und können gut gelagert werden. Die künstlichen Hormongaben bewirken, dass die Stecklinge rascher Wurzeln bilden und diese schnell länger und dicker werden.

Im Wasser bewurzelte Triebe der Amerikanischen Reif-Weide *(Salix irrorata)*

## DIE EIGENE BRUT

Einige Pflanzen bilden für die vegetative Vermehrung ganz spezielle Brutorgane aus: **Brutknospen** (Bulbillen) entwickeln sich als speziell geformte Knospen in den Blattachseln oder im Bereich des Blütenstands. Bei der Tiger-Lilie *(Lilium tigrinum)*, der Feuer-Lilie *(Lilium bulbiferum)* und der Zwiebel-Zahnwurz (*Cardamine bulbifera*, siehe S.179) entstehen sie in den oberen Blattachseln und besitzen fleischige, an Zwiebelschalen erinnernde Blätter. Bei Wurzelbulbillen bestehen die Knospen fast ausschließlich aus

## DOPPELTE STRATEGIE

Das Scharbockskraut *(Ficaria verna)* bildet im Mai in den Achseln der unteren Blätter Wurzelbulbillen. Sie fallen ab und werden durch Regen, Ameisen oder – meist unbeabsichtigt – durch den Menschen verbreitet. In Parks und Gärten wird die Pflanze oft als störend empfunden, doch machen es die vielen kleinen Knöllchen fast unmöglich, sie auszurotten. Also besser aus der Not eine Tugend machen: Mit den glänzenden Blättern und attraktiven Blüten ist die Pflanze ein hübscher bodendeckender Frühblüher. Noch vor der Sommertrockenheit zieht sie sich im Mai oder Juni zurück und überdauert bis zum Spätwinter mit 1 bis 2 cm langen, an der Basis des Sprosses sitzenden Wurzelknollen. Sie speichern Stärke und stören andere Pflanzungen nicht. Mittlerweile gibt es sogar Kulturformen mit gefüllten Blüten.

einer dem Spross – meist in der Blattachseln – entspringenden Wurzel.
Bei den Brutknospen des als Zimmerpflanze beliebten Brutblatts *(Kalanchoe daigremontiana)* handelt es sich um Adentivknospen. Sie werden nicht wie reguläre Knospen an der Sprossspitze oder in den Blatttachseln, sondern an Blattkerben gebildet. Bei manchen Pflanzen können Brutknospen spontan entstehen, viel häufiger bilden sie sich jedoch nach Verletzung. Beim Wiesen-Schaumkraut *(Cardamine pratensis)* befinden sie sich häufig an den Ansatzstellen von Fiederblättchen, die dem feuchten Boden aufliegen. Sie wachsen ebenso wie die des Brutblatts oft noch an der Mutterpflanze zu vollständigen Pflänzchen heran.

Brutblatt

Tiger-Lilie

# NACHWUCHS DER ZWIEBELPFLANZEN

Tochterzwiebeln entstehen aus Nebenknospen in den Achseln der Blattschuppen von Hauptzwiebeln. Sie sind typisch für Narzissen, *(Narcissus)*, Tulpen *(Tulipa)* und viele andere als Frühblüher in den Gärten beliebte Zwiebelpflanzen.

Zwiebel der Armenischen Traubenhyazinthe *(Muscari armeniacum)* mit Brutzwiebeln

Gartentulpe: Tochterzwiebel und Brutzwiebeln

Die Hauptzwiebel kann dabei mehrere Jahre überdauern oder absterben. Zu Letzteren gehören Tulpenzwiebeln: Sie sind nach der Blüte «leergepumpt». In der Achsel einer ihrer Schuppen hat sich jedoch eine Tochterzwiebel entwickelt, die im nächsten Jahr einen Blütenstängel schieben kann. An der Basis weiterer Zwiebelschuppen können zusätzlich schwächere Brutzwiebeln entstehen. Besonders bei hochgezüchteten Gartentulpen schwächt es die Mutterzwiebel, viele Brutzwiebeln zu bilden. Deshalb empfehlen Fachleute, diese Pflanzen nach der Blüte auszugraben und mitsamt Laub den Sommer über in einer trockenen Kiste mit Sand und Torf zu lagern. So verlagern sich die Nährstoffe aus dem Laub in nur eine Zwiebel und diese

Wildtulpe: Mutterzwiebel mit Ausläufer

kann im Herbst ungeschwächt für den nächsten Frühling wieder in den Boden. Manche Wildtulpen wie die Weinberg-Tulpe *(Tulipa sylvestris)* und die Felsen-Tulpe *(Tulipa saxatilis)* dagegen bilden an jeder Zwiebel einen oder mehrere unterirdische Ausläufer, an dessen Spitze je eine Tochterzwiebel entsteht. So breiten sie sich ohne fremde Hilfe langsam im ganzen Blumenbeet aus.

## PFROPFUNG

Bei der **Pfropfung** veredelt man mit verschiedenen Methoden ein abgeschnittenes Stück, an dem mindestens eine Knospe sitzt – das **Pfropfreis** oder **Edelreis** – auf eine passende, nah verwandte Pflanzenart, die im Boden wurzelt – die **Unterlage**. Die Partner verwachsen an der Verbindungsstelle. So gelingt es, Sorten und Züchtungen erbgleich zu vermehren. Meistens sind die Unterlagen wuchsfreudig, widerstandsfähig und an bestimmte Böden und Standortbedingungen angepasst. Von diesen Eigenschaften profitiert das Edelreis: Es wächst gesund und kräftig. So kann die Pflanze mehr und schönere Blüten oder mehr, größere und schmackhaftere Früchte hervorbringen.

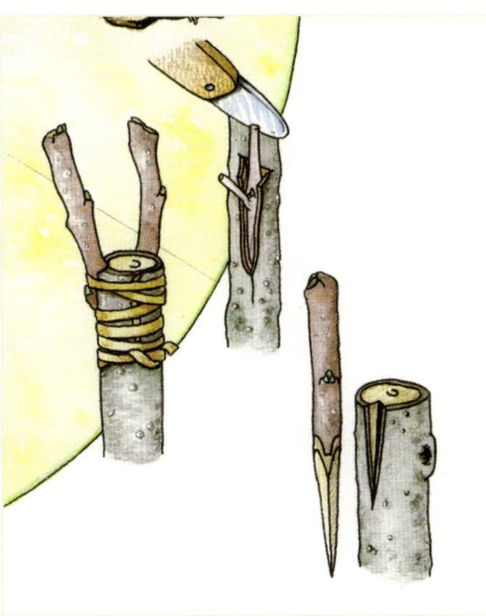

Pfropfung mit Pfropfreisern an Apfelbaum

### GEPFROPFTES GEMÜSE

Heutzutage pfropfen Fachleute nicht nur Weinreben, Obstgehölze und Rosen, sondern auch krautige Pflanzen. Sorten von Gurke, Zucchini und Melone erhalten dazu meist einen Kürbis als Unterlage, Sorten von Wassermelone und Aubergine eine robuste Tomatensorte.

### GARTEN-TIPP

Oft ist die Unterlage so wüchsig, dass sie ihren Saftstrom nicht nur in das Edelreis lenkt, sondern selbst austreibt. Dies schwächt das Edelreis. Wenn Sie solche Wildtriebe feststellen, sollten Sie diese nah an dem Stamm der Unterlage abschneiden.

Pfropfung mit einzelner Knospe (Okulation) an Feige *(Ficus carica)*

Zwei Okulationsstellen mit gut angewachsenen Edelreisern der Beetrose 'Sirius'

STRATEGIEN DER PFLANZEN

# AUSTAUSCH MIT DER UMWELT

Pflanzen stehen auf vielfältige Weise mit anderen Organismen ihrer Umgebung in Kontakt und kommunizieren mit ihnen.

# DIE GRUNDLAGEN

## STEUERUNG VON ABWEHR UND KONTAKTEN

Pflanzen können bei Stress durch UV-Strahlung, Hitze oder Kälte, Wasser- oder Sauerstoffmangel nicht in günstigere Gebiete flüchten. Sie können auch nicht weglaufen oder um sich schlagen, wenn Insekten oder Säugetiere an ihnen fressen oder sich Bakterien und Pilze auf oder in ihnen ausbreiten. Trotzdem stehen sie nicht machtlos da, sondern reagieren und verteidigen sich entsprechend ihren Möglichkeiten: Vieles geht dabei über Chemie, vor allem über sogenannte **Sekundärstoffe**. Diese Stoffe benötigt die Pflanze nicht unbedingt für ihr Wachstum und ihre Entwicklung, wohl aber im Rahmen ihrer Beziehungen zur Umwelt: Sie können die Pflanze vor UV-Strahlung schützen, ihr als Fressschutz dienen, Insekten als Bestäuber oder Tiere als Fruchtverbreiter anlocken oder Pilze oder Bakterien abwehren. Zahlreiche Sekundärstoffe liegen ohne einen äußeren Reiz in der Pflanze vor. Bei anderen erhöht sich die Menge je nach Bedarf oder bildet sich erst auf Anforderung.

Dreh- und Angelpunkte hierbei sind Pflanzenhormone wie Auxin, Gibberelline und Jasmonsäure. Sie steuern nicht nur interne pflanzliche Prozesse wie Samenkeimung, Blütenentwicklung und Wurzelwachstum, sondern auch die Bildung von Sekundärstoffen. Besonders **Jasmonsäure** wirkt darüber hinaus als wichtiges Alarmsignal bei Stress und Gefahr und löst passende Reaktionen der Pflanze aus. Diese können dann zum Beispiel Duftstoffe zur Verteidigung freisetzen oder weitere Sekundärstoffe bilden, die die Verdauung des Pflanzenmaterials im Insektendarm stören, sodass das Insekt verhungert. Über flüchtige Abwandlungen der Jasmonsäure können Erlen *(Alnus)*, Kirschen *(Prunus)* und viele andere sogar über die Luft Nachbarpflanzen vor drohender Gefahr, etwa durch Schadinsekten, warnen.

### SCHMACKHAFT, HEILSAM ODER TÖDLICH

Obwohl der Mensch nicht die eigentliche Zielgruppe der Sekundärstoffe der Pflanzen ist, profitieren wir bei pflanzlicher Nahrung von ihrem Geschmack und ihrer Farbe, bei Heilpflanzen von den vielfältigen Wirkungen auf unseren Körper. Allerdings können Sekundärstoffe auch für uns tödlich giftig sein.

## Pflanzliche Sekundärstoffe

Von der Vielzahl an Sekundärstoffen, die in der Pflanzenwelt eine Rolle spielen, werden hier einige wichtigen Gruppen vorgestellt.

### SCHMACKHAFT UND DUFTEND

Viele ätherische Öle riechen und schmecken auch noch stark verdünnt intensiv und charakteristisch. Viele Pflanzen, die sie enthalten, dienen als Gewürze oder Heilpflanzen. Hierzu zählen Fenchel *(Foeniculum vulgare)*, Kümmel *(Carum carvi)*, Pfeffer-Minze, Zitronenmelisse *(Melissa officinalis)*, Rosmarin *(Rosmarinus officinale)* und Salbei *(Salvia officinalis)*.

### ÄTHERISCHE ÖLE

Bei diesen Sekundärstoffen handelt es sich meist um eine Mischung verschiedener Stoffe wie Terpenen und Phenylpropanen. Sie verdunsten bereits bei Zimmertemperatur vollständig. Pflanzen schützen sich mit ihnen bei großer Hitze oder vor Krankheiten. Als Blütendüfte locken sie bei Rosen *(Rosa)*, Nelken *(Dianthus)*, Jasmin *(Jasminum)* oder Lavendel *(Lavandula)* Bestäuber an. Pfeffer-Minze (*Mentha* x *piperita*), Chrysanthemen *(Chrysanthemum)* und Studentenblumen *(Tagetes)* schrecken mit ätherischen Ölen Schädlinge oder Fressfeinde ab. Sie können auch das Wachstum von Nachbarpflanzen hemmen. Oft bilden Pflanzen ätherische Öle erst, wenn Insekten oder schädliche Einflüsse sie bedrohen. Dann können sie zum Beispiel Schlupfwespen als Feinde der Schadinsekten anlocken oder Nachbarpflanzen vor der Gefahr warnen.

Damaszener Rose *(Rosa damascena)*

Tollkirsche

## ALKALOIDE

Diese Stoffgruppe kann ganz unterschiedliche chemische Grundstrukturen haben. Alle rund 10.000 bekannten Alkaloide enthalten aber Stickstoff und die meisten reagieren basisch, also wie Alkalien bzw. Seifen. Die Stoffe schützen die Pflanzen gegen Viren, Bakterien und Pilze und sind für die meisten Insekten und Säugetiere stark giftig. Da Alkaloide sehr bitter schmecken, wenden sich auch unerfahrene Säugetiere meist rasch von Eiben *(Taxus)*, Goldregen *(Laburnum)* und Ginster *(Genista, Cytisus)* ab. Bei den süß schmeckenden Beeren der Tollkirsche *(Atropa belladonna)* wirkt das glänzende Schwarz auf weidende Säugetiere als Warnsignal vor dem tödlichen Gift. Vögel dagegen nehmen die glänzenden Kugeln als Futtersignal wahr. Sie besitzen besondere Enzyme, die die Alkaloide entgiften. Auch Schnecken fressen an den Früchten und tragen zur Samenverbreitung bei.

## GARTEN-TIPP

Das Gewöhnliche Greiskraut (*Senecio vulgaris*, Foto) und das Südafrikanische Greiskraut *(Senecio inaequidens)* sind im Garten nicht nur lästige Unkräuter: Sie enthalten giftige Pyrrolizidinalkaloide. Achten Sie darauf, dass Sie diese Pflanzen nicht versehentlich mit Salat abernten. Besonders die Blätter von Rukola-Salaten (*Eruca sativa* und *Diplotaxis tenuifolia*) sehen den Greiskrautblättern sehr ähnlich.

Ackerrittersporn *(Consolida regalis)*

## FLAVONOIDE

Bei diesen Stoffen handelt es sich um die am weitesten verbreiteten pflanzlichen Sekundärstoffe. Über 8.000 verschiedene Substanzen sind bekannt. Viele rote, blaue und violette, aber auch gelbe Farbstoffe zählen zu dieser Gruppe. Unzählige Blüten wie die von Rosen *(Rosa)*, Rittersporn *(Delphinium)* oder Begonien *(Begonia)* und Früchte wie rote Äpfel, Kirschen oder Johannisbeeren fallen dank der Anthocyanfarben auf. Anthocyane röten auch manche frisch austreibenden Blätter und Herbstlaub (siehe S. 78). Dort verhindern sie als natürliche Antioxidantien Zellschäden durch hohe UV-Strahlung.

Andere Flavonoide sind farblos und fallen in Blättern, Stängeln und Wurzeln nicht auf. Sie schützen die Pflanzen vor Krankheitserregern und Schädlingen. Bei Hülsenfrüchtlern (Fabaceae), die auf stickstoffarmem Boden leben, locken Flavonoide stickstoffbindende Bakterien an die Wurzeln (siehe S. 39).

Tomate

## CAROTINOIDE

An der Fotosynthese sind nicht nur die Chlorophylle, sondern auch Carotinoide beteiligt. Sie verhindern dort Schäden durch zu viel Licht. Herbstblätter oder welkende Blätter leuchten nach dem Abbau des Chlorophylls durch die zurückbleibenden Carotinoide gelb oder orange. Auf dieselbe Weise verfärben sich auch viele reifende Früchte wie jene von Tomate *(Solanum lycopersicum)*, Paprika *(Capsicum annuum)*, Rosen *(Rosa)*, Zitrone (*Citrus* x *limon*) und Orange *(Citrus sinensis)*. Die gelben bis roten Carotinoide signalisieren dort fruchtfressenden Tieren, dass sich ein Besuch lohnt. Obwohl Blütenblätter meist durch Flavonoide gelb sind, gibt es auch solche, die mit Carotinoiden locken. Hierzu gehören Krokus *(Crocus)*, Narzisse *(Narcissus)*, Arnika *(Arnica)* und Stiefmütterchen *(Viola)*. Blütenstaub und die durch ihn gelb gefärbten Staubblätter verdanken ihre gelbe Färbung ebenfalls Carotinoiden. Sie schützen das empfindliche Erbgut in den Pollenkörnern vor UV-Strahlung. Carotinoide färben auch die Rüben von Möhren (*Daucus carota* subsp. *carota*).

# PFLANZEN MITEINANDER

## WENN DIE CHEMIE NICHT STIMMT

Wenn Pflanzen eng beieinander wachsen, konkurrieren sie täglich um Wasser, Nährstoffe, Platz und Licht. Eine stärker wachsende Art kann hier rasch eine langsam wachsende so stark unterdrücken, dass diese kümmert und abstirbt.

Die Gewächse stehen aber noch auf andere Weise in Beziehung miteinander. Wie auch wir nicht jeden unserer Mitmenschen mögen, ja manche sogar hassen, so geht es auch ihnen. Manche Arten sind gut Freund miteinander, andere bekriegen sich gegenseitig mit Chemiewaffen. Fachpersonen sprechen von **Allelopathie**, wenn Pflanzen andere chemisch beeinflussen. Sie können diese dabei hemmen, wie es Echte Walnuss *(Juglans regia)*, Robinien *(Robinia)* oder Eukalypten *(Eucalyptus)* tun, oder – seltener – auch fördern.

Forschende beschäftigen sich intensiv mit dem Phänomen der Allelopathie, denn diese spielt auch in der Landwirtschaft und generell bei der Kultur von Pflanzen eine wichtige Rolle. Sie fanden entsprechende Effekte bei zahlreichen Pflanzen. So mindert der als Unkraut bekannte Zurückgekrümmte Amarant *(Amaranthus retroflexus)* das Wachstum von Kulturpflanzen wie Getreide, Gemüse-Kohl *(Brassica oleracea)*, Luzerne *(Medicago sativa)*, Mais *(Zea mays)* und Sonnenblume *(Helianthus annuus)* durch chemische Kriegsführung. In gleicher Weise verhält sich die Acker-Kratzdistel *(Cirsium arvense)* gegenüber Sonnenblumen und Getreide. Andere Pflanzen wie Buchweizen *(Fagopyrum esculentum)* können Unkräuter durch die Abgabe von chemischen Hemmstoffen unterdrücken und so zur «helfenden Hand» im Garten werden.

Echte Walnuss

## GARTEN-TIPP

Unter einer Echten Walnuss kümmern Kartoffeln *(Solanum tuberosum)*, Tomaten *(Solanum lycopersicum)*, Rhododendren *(Rhododendron)*, Chrysanthemen *(Chrysanthemum)* und viele weitere Gewächse – nicht weil es zu schattig ist, sondern weil sie vergiftet werden. Die Walnuss setzt hierbei den Kampfstoff Juglon ein, der über abgefallene Blätter oder Fruchthüllen, mit abtropfendem Regen oder direkt über die Wurzeln in den Boden gelangt. Wenn Sie unter einer Walnuss etwas kultivieren wollen, müssen Sie auf Arten zurückgreifen, die Juglon tolerieren. Die Auswahl reicht von Farnen über Ringelblume *(Calendula officinalis)*, Johanniskraut *(Hypericum)* und Prachtspiere *(Astilbe)* bis zu Flieder *(Syringa)* und Blauregen *(Wisteria)*.

## RABENMÜTTER

Oft hemmen die Pflanzen mit ihren Botenstoffen auch den eigenen Nachwuchs – damit er nicht zu nahe bei ihnen auskeimt und aufwächst. Hierzu gibt der Kultur-Apfel *(Malus domestica)* Phlorizin über die Wurzeln in den Boden ab. Dort wandelt sich dieser Stoff in Wirkstoffe um, die Apfelsamen daran hindern, auszukeimen und zu wachsen. Die Substanzen können nach dem Absterben des Baumes noch lange im Boden bleiben, sodass ein neu an dieselbe Stelle gepflanzter Apfelbaum nur kümmerlich wächst – ein weiteres Beispiel für Bodenmüdigkeit (siehe S. 168).

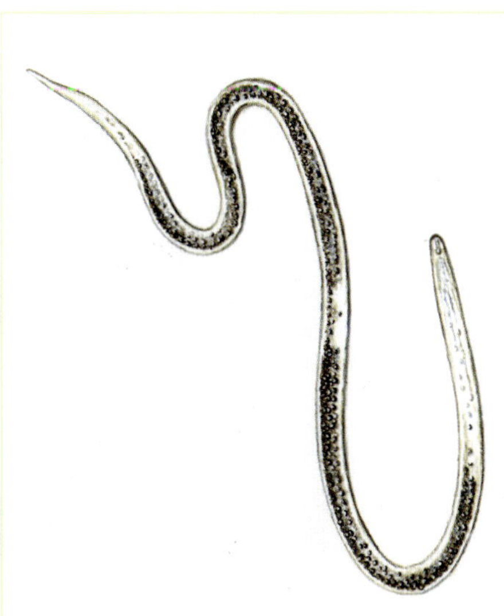

Fadenwurm

## NETZWERKE

Eine Chemiewaffe muss nicht direkt von Pflanze zu Pflanze wirken. Die Besenheide *(Calluna vulgaris)* zum Beispiel bekämpft nicht den Feind direkt, sondern die Freunde des Feindes: Sie scheidet allelopathische Stoffe aus, die viele Ektomykorrhizapilze hemmen, besonders jene der Gewöhnlichen Fichte *(Picea abies)*. Da die Bäume ohne die Symbiose mit diesen Pilzen nicht leben können (siehe S. 37), bleiben sie den Heideflächen fern, sodass der Halbstrauch ungehindert wachsen kann.

Studentenblumen *(Tagetes)* geben Stoffe ab, die kleine, wurzelschädigende Fadenwürmer (Nematoden) im Boden bekämpfen. Hiervon profitieren nicht nur die Studentenblumen selbst, sondern alle für Nematoden anfällige Pflanzen in ihrer Nähe, zum Beispiel Kohl *(Brassica oleracea)* und Lauch-Arten *(Allium)*. Ähnlich können auch Ringelblumen *(Calendula)* Schadorganismen im Boden in Schach halten.

Studentenblumen in einem Beet mit Mischkultur

## WER KANN MIT WEM – UND WARUM?

Aus den «zwischenpflanzlichen Beziehungen» lässt sich im Garten vielerlei Nutzen ziehen. Oft gilt: Gut gemischt wächst besonders gut. Letztendlich ist dies nicht anders als in natürlichen Lebensgemeinschaften.
Bewährt haben sich zum Beispiel Mischkulturen von Möhre *(Daucus carota)* und Küchen-Zwiebel *(Allium cepa)*. Hier hält die Möhre Zwiebelfliegen fern, während gleichzeitig die Küchen-Zwiebel Möhrenfliegen vertreibt. Auch Garten-Bohne *(Phaseolus vulgaris)* und Bohnenkraut *(Satureja hortensis, Satureja montana)* harmonieren gut miteinander – nicht nur in der Küche: Das Bohnenkraut hilft gegen die Schwarze Bohnenlaus *(Aphis fabae)*, die schädliche Pflanzenviren auf die Bohne übertragen kann.

Viele Gartenpflanzen vertragen sich jedoch gar nicht miteinander. Dies muss nicht immer – wie etwa bei der unpassenden Kombination von Salat *(Lactuca)* und Petersilie *(Petroselinum)* mit allelopathischen Effekten durch chemische Stoffe zusammenhängen. Bei Nachtschattengewächsen wie Tomate *(Solanum lycopersicum)*, Kartoffel *(Solanum tuberosum)*, Aubergine *(Solanum melongena)* und Paprika *(Capsicum)* ist es eine zu starke Konkurrenz um dieselben Nährstoffe. Außerdem können sie von denselben Krankheiten und Schädlingen befallen werden. Bei einer Kombination von Bohnen und Küchen-Zwiebeln reichern die Bohnen über ihre Wurzelknöllchen den Boden mit viel Stickstoff an, den die Küchen-Zwiebel in dieser Menge nicht mag.

### DIE DREI SCHWESTERN

Mischkulturen sind keine Erfindung der Neuzeit. Die Indios in Mittelamerika bauen schon seit über 3000 Jahren Kürbis mit Mais und Bohnen gemeinsam auf einem Feld an. Bei den «Drei Schwestern» schützt der Kürbis den Boden vor Austrocknung. Außerdem kann er Unkräuter unterdrücken. Der Mais dient als Kletterhilfe für die Bohnen, ohne sie zu sehr zu beschatten. Die Bohnen bringen mit ihren Wurzelknöllchen Stickstoff in den Boden.

Passende Partner im Garten: Kürbis und Buschbohnen

Mischkultur mit vielen Partnern

### GARTEN-TIPP

Im Internet gibt es lange Tabellen für die richtige Partnerwahl bei Mischkulturen. Hiermit lässt sich für eine Vielzahl an Arten ermitteln, wer freundlich zueinander ist und wen man besser nicht zusammensetzt.

# ABHÄNGIGE PARTNERSCHAFTEN

Eine abhängige Partnerschaft kann für beide Beteiligte Vorteile bringen – dann leben sie in Symbiose miteinander. Profitiert nur einer der beiden, so ist er aus Sicht des anderen ein Parasit oder Schmarotzer.

## SYMBIOSEN

Pflanzen gehen mit verschiedenen anderen Organismen Symbiosen ein. Zahlreiche davon wurden im Buch bereits angesprochen. Hierher gehören enge Beziehungen zwischen Blüten und bestäubenden Tieren, sofern die Tiere nicht leer ausgehen, sondern als Gegenleistung von der Blüte Nahrung oder eine andere Belohnung erhalten (siehe S. 95). Ähnliches gilt für Früchte, wenn diese die Tiere verköstigen, während sie die Samen verbreiten.
Verborgen vor unseren Augen, aber wichtig für das Wachstum der meisten Pflanzen sind die Symbiosen im Bereich der Wurzeln. Hier haben sich mithilfe verschiedener Pflanzenhormone friedliche Gemeinschaften gefunden: Die entsprechenden Pflanzen haben sich entweder mit Bakterien oder mit Pilzen zusammengeschlossen.

Bei den Wurzelknöllchen (siehe S. 39) sind es stickstofffixierende Bakterien: Bei Hülsenfrüchtlern (Fabaceae) Rhizobien und deren Verwandte, bei Erlen *(Alnus)* und Sanddorn *(Hippophae rhamnoides)* Frankien. Die entsprechenden Bakterien leben weit verbreitet im Boden. Bei einem Mangel an Stickstoff lockt die Pflanze sie mit Flavonoiden an die jungen Wurzeln. Dort dringen sie über die Wurzelhaare ein und bringen die Pflanze dazu, Gewebe um sie herum zu einem Knöllchen wuchern zu lassen, in dem sie sich vermehren. Die Bakterien versorgen nun die Pflanze mit lebensnotwendigem Stickstoff. Im Gegenzug erhalten sie Kohlenhydrate, die die Pflanze durch Fotosynthese gebildet hat, und leben geschützt im Pflanzengewebe. Außerhalb der Knöllchen sind die Bakterien nicht in der Lage, Luftstickstoff zu binden.

Wurzelknöllchen von Sanddorn

### ES GEHT AUCH OHNE

Enthält ein Boden reichlich Stickstoff, so benötigen Bohne, Erbse und Co. keine zusätzlichen bakteriellen Stickstofffabriken. Sie bilden dann keine oder nur wenige Wurzelknöllchen.

Noch viel weiter verbreitet sind Symbiosen von Wurzeln und Pilzen. Sie treten bei 90 Prozent aller Landpflanzen auf. Bei den Pilzwurzeln (Mykorrhiza, siehe S. 36) durchziehen Pilzfäden als «verlängerte Arme» der Wurzeln den Boden und geben Nährstoffe an die Pflanze ab. Außerdem können die Pilze die Wurzeln gegen schädigende Pilze und tierische Schädlinge schützen. Auch hier profitiert der Pilz von den Kohlenhydraten der Pflanze.

## PARASITEN

Es handelt sich dabei um Organismen, die von einem anderen lebenden Organismus abhängig sind, um zu leben und sich fortzupflanzen. Sie schädigen dabei diesen Wirt, töten ihn aber meist nicht ab.

### Winzig klein ...

Unzählige Bakterien, Viren und Pilze leben als mikrobielle Parasiten von einer Wirtspflanze und lösen dort charakteristische Schäden aus. Solche Organismen werden allgemein als **Krankheitserreger** (Pathogene) bezeichnet. Ein entsprechender Befall mit Bakterien und Viren fällt erst auf, wenn sich die Pflanze verändert oder Krankheitssymptome zeigt. Die Auslöser selbst sind so winzig, dass sie höchstens unter dem Mikroskop sichtbar sind. Pflanzenparasiten unter den Pilzen wie Mehltau-, Rost- und Brandpilze bilden oft auch mit bloßem Auge sichtbare feine Beläge aus Pilzfäden (Hyphen) oder spezielle Lager, in denen die Pilze ungeschlechtliche oder geschlechtliche Verbreitungseinheiten bilden und freisetzen.

Krönchenrost *(Kuehneola uredinis)* auf Brombeere (*Rubus fruticosus* agg.)

Pflanzen wehren sich häufig dagegen, indem sie befallene Zellen und Gewebe in der Nähe gezielt in den Tod schicken. Die absterbenden Gewebe werden zuerst gelb und dann braun – Symptome, die wir von vielen Pflanzenkrankheiten kennen. In dem toten Gewebe kann der Erreger nicht weiterwachsen. Außerdem bilden die Gewächse je nach Erreger verschiedene giftige chemische Substanzen neu und bekämpfen die Feinde damit. Diese Sekundärstoffe werden als **Phytoalexine** zusammengefasst. Es hilft den Pflanzen auch, Enzyme zu bilden, die die Zellwände der Pilze angreifen oder das Erbgut von Viren abbauen.

## AMMEN FÜR DIE ORCHIDEEN

Orchideen können ohne Pilze nicht leben. Die winzigen Orchideensamen speichern kaum Reservestoffe und brauchen schon zum Keimen und Heranwachsen des Sämlings die Hilfe von Mykorrhizapilzen. Diese liefern ihnen nicht nur Wasser und Salze, sondern auch Kohlenhydrate und andere organische Stoffe – versorgen sie also auf ganzer Linie. Zu diesem Zeitpunkt lebt die Orchidee als Parasit vom Pilz. Erst später kann der Pilz auch von den Fotosyntheseprodukten der Orchidee profitieren und wird zum Symbiosepartner.

### … auffällig groß …

Sommerwurz *(Orobanche)* und Nestwurz *(Neottia nidus-avis)* besitzen zeitlebens kein Chlorophyll, können also keine Fotosynthese betreiben. Sie müssen sich deshalb auf andere Weise mit Kohlenhydraten und anderen organischen Nährstoffen versorgen. Die zu den Orchideen zählende Nestwurz beutet dazu zeitlebens ihre Mykorrhizapilze aus. Die Sommerwurz dagegen zapft als Wurzelparasit grüne Pflanzen an. Ihr Opfer lockt dabei – ungewollt – den Parasiten an: Er reagiert auf spezielle Pflanzenhormone (Strigolactone), mit denen die grüne Pflanze eigentlich Pilze dazu animieren möchte, eine Mykorrhiza mit ihren Wurzeln auszubilden. An Stelle einer vorteilhaften Symbiose mit einem Pilz holt sich die grüne Pflanze damit einen Parasiten an ihre Wurzeln. Geringfügige chemische Unterschiede der Hormone sorgen dafür, dass jede Sommerwurz-Art nur bestimmte Wirte unwiderstehlich findet.

Die Ästige Sommerwurz *(Orobanche ramosa)* schmarotzt an Tomaten.

### … oder nur halbe Parasiten

Es gibt aber auch Beziehungen, bei denen eine grüne Pflanze eine andere ausbeutet. Die Halbschmarotzer können selbst Fotosynthese betreiben und damit ihre eigenen Kohlenhydrate gewinnen. Für die Nährstoffe, die eine «normale» Pflanze aus dem Boden bezieht, sind sie jedoch von ihrem Wirt abhängig. Sie bilden dazu besondere Saugorgane, die **Haustorien**. Misteln *(Viscum)* zapfen mit ihnen Leitungsbahnen von Bäumen an. Klappertopf *(Rhinanthus)*, Wachtelweizen *(Melampyrum)* und Augentrost *(Euphrasia)* sitzen damit auf den Wurzeln ihrer Wirte. Chemische Untersuchungen am Klappertopf zeigten, dass er mit diesen Haustorien nicht nur Nährsalze aus dem Wirt zieht, sondern an schattigen Standorten bis zu 50 Prozent seines Kohlenstoffbedarfs über seine Wirtspflanzen deckt und nicht über eigene Fotosynthese gewinnt. Wachtelweizen und die anderen Halbschmarotzer müssen kräftig an den Leitungsbahnen ihrer Wirte saugen. Dies schaffen sie, indem ihre Blätter Tag und Nacht reichlich Wasser verdunsten und so einen starken Flüssigkeitsstrom in ihren Leitbündeln erzeugen und aufrechterhalten (siehe S. 47). Einmal abgepflückt, welken diese Pflanzen deshalb rasch.

Zottiger Klappertopf *(Rhinanthus alectorolophus)*

## GARTEN-TIPP

Wenn Sie einen Rasen in eine Blumenwiese umwandeln möchten, haben Sie oft das Problem, dass der Boden sehr nährstoffreich ist. Dies fördert Gräser, die bei starkem Wachstum die meisten Wildblumen unterdrücken. Hier kann es helfen, Klappertopf auszusäen. Der einjährige Halbschmarotzer schwächt die Gräser.

## MYTHOS EFEU

Efeu *(Hedera helix)* klettert zwar Stämme empor und breitet seine Sprosse in Baumkronen aus, lebt aber nicht als Parasit. Er erhält seine Nährstoffe aus dem Boden, in dem er wurzelt, und betreibt selbst Fotosynthese. Frei stehenden Bäumen kann er nützen, indem er die Stämme vor zu starker Besonnung schützt. Entwickelt er sich jedoch besonders üppig, kann er seinem Stützbaum Licht rauben, ihn erdrücken und zusammenbrechen lassen.

# PFLANZEN UND TIERE

## TIERISCHE PARASITEN

Pflanzen dienen auch als Wirte für viele parasitische Tiere. Im Wurzelbereich schädigen besonders Fadenwürmer (Nematoden) die Pflanzen. In den oberirdischen Pflanzenteilen spielen hauptsächlich Milben und Insekten eine Rolle. So fressen sich die Larven von Minierfliegen und -motten in den Blättern ihrer Wirtspflanzen satt. Häufig stimulieren tierische Parasiten das Gewebe ihrer Wirtspflanze um, sodass dieses zu einer Pflanzengalle heranwächst. Dabei kann es sich um kleine Wucherungen handeln, auf oder in denen mikroskopisch kleine Gallmilben leben, oder um größere Gebilde, in denen zum Beispiel Larven von Gallmücken oder Gallwespen heranwachsen.

## FRESSFEINDE

Zahlreiche Tiere, besonders Insekten, Vögel und Säugetiere, ernähren sich von Pflanzen und schädigen diese dadurch. In solchen Fällen hat das Gewächs zwei Aufgaben zu bewältigen: Zum einen muss es die Wunden verschließen, um Infektionen und größere Saftverluste zu vermeiden. Dies gelingt zum Beispiel über die Bildung von undifferenziertem Kallusgewebe (siehe S. 149). Zum anderen gilt es, den Feind abzuwehren. Manchmal reicht schon ein hoher Wuchs, ein gezähnter Blattrand oder eine Behaarung, um Raupen fernzuhalten. Dornen und Stacheln zielen eher auf größere Tiere, etwa Rehe oder Hasen, die an ihren Lippen schmerzhaft erfahren, wie spitz die Waffen der Pflanzen sind. Außerdem steht den Gewächsen ein ganzes Arsenal an sekundären Pflanzenstoffen zur Verfügung. Je nachdem, welche Chemiewaffe eine Pflanze einsetzt, vergiftet sie den Fressfeind oder

Große Kapuzinerkresse *(Tropaeolum majus)* mit Mine durch die Minierfliege *Liriomyza brassicae*

Berg-Ahorn *(Acer pseudoplatanus)* mit Gallen der Ahorn-Gallwespe *(Pediaspis aceris)*

### GARTEN-TIPP

Gartenfachkräfte stören sich oft sowohl an den Gängen von Minierfliegen als auch an Pflanzengallen. Da beide jedoch lokal begrenzt sind, richten sie höchstens dann über den optischen Eindruck hinausgehende Schäden an, wenn sie in Massen auftreten. Im Garten sollten Sie deshalb abwägen, ob Sie diese Parasiten nicht im Sinne der Biodiversität dulden oder sogar ihre Werke bewundern.

Dem Ginster-Samenkäfer *(Bruchidius villosus)* schaden die für uns tödlichen Gifte des Goldregens *(Laburnum)* nicht.

stört zum Beispiel seine Verdauung oder seine Fortpflanzung.
Im Laufe von langer Koevolution haben sich jedoch viele von Pflanzen lebende Tiere an die Gifte der Gewächse angepasst. Hat eine Tierart das geschafft, muss sie sich dort gegen weniger Konkurrenten durchsetzen. Der Stoff, der eigentlich unliebsame Besucher abschrecken soll, wirkt auf sie nun attraktiv und lockt sie zu der Pflanze. Die ganz raffinierten unter den tierischen Spezialisten haben nicht nur Wege gefunden, das Gift zu tolerieren, unschädlich zu machen oder auszuscheiden. Einige nutzen die Waffen der Pflanzen sogar als ihre eigenen. Sie werden selbst giftig und wehren sich damit gegen ihre eigenen Fressfeinde.

## TIERISCHE DUFTKISSEN

Minzen *(Mentha)* halten sich mit ätherischen Ölen zahlreiche Fressfeinde vom Leib. Der Minze-Blattkäfer *(Chrysolina herbacea)* und der Himmelblaue Blattkäfer (*Chrysolina coerulans*, Foto) erkennen an den typisch duftenden Stoffen jedoch ihre Futterpflanzen. Wenn sie an Minzen fressen, werden sie selbst zu Duftkissen: Der Käfer nutzt die ätherischen Öle nun als Abwehrstoffe gegen seine eigenen Feinde. Die vorgefertigte chemische Waffe der Pflanze versagt zwar bei diesen spezialisierten Blattkäfern, doch Minzen stehen diesen Angriffen nicht hilflos gegenüber. Angenagte Pflanzen setzen einen weiteren Abwehrmechanismus in Gang: Sie verändern die Zusammensetzung des ätherischen Öls, duften also etwas anders. Neu anfliegende Käfer nehmen dieses Signal wahr und erkennen, dass die Pflanze bereits besetzt ist, in der Folge meiden sie diese. Die Pflanze schützt sich so vor totalem Kahlfraß. Mechanische Verletzungen stören die Käfer jedoch nicht. Dies erklärt, warum im Garten auch Pfefferminz-Pflanzen, von denen Sie Blätter für Tee geerntet haben, von den Käfern besiedelt werden können.

## BERÜHRUNGSÄNGSTE

Menschgemacht herrscht in einem Garten bezüglich der Pflanzenarten eine hohe Diversität – dort wachsen oft Pflanzen aus aller Welt auf kleinstem Raum beieinander.
Pflanzen, die neu bei uns Fuß fassen, kommen meist ohne ihre Parasiten oder Fressfeinde zu uns – wie Migranten, die alles zurückließen. Bei uns heimische Parasiten und Fressfeinde können in vielen Fällen nichts mit den Neubürgern (Neophyten) anfangen oder gewöhnen sich nur sehr langsam an sie. Wir schätzen diese «Berührungsängste», wenn wir fremdländische Gartenpflanzen kultivieren und diese weitgehend frei von «Schädlingen» bleiben. Andererseits verfluchen wir sie, wenn sich eine fremde Pflanze unbeschadet über Gebühr ausbreitet und als invasive Art heimische Gewächse verdrängt.

## DER SCHUSS NACH HINTEN

Wenn auch spezialisierte Parasiten oder Fressfeinde von fremdländischen Pflanzen den Weg zu uns gefunden haben, ist es oft sehr schnell aus mit der schönen Pracht. Die Schadorganismen breiten sich massiv aus, manchmal innerhalb kürzester Zeit. Ihnen fehlen hier die Organismen, die sie für gewöhnlich in ihrer Heimat in Schach halten.
So blieb die Gewöhnliche Rosskastanie *(Aesculus hippocastanum)* über Jahrhunderte weitgehend von Krankheiten und Schädlingen verschont. Ab den 1980er-Jahren begann jedoch die Rosskastanienminiermotte *(Cameraria ohridella)*, ein kleiner Schmetterling, ihren Eroberungsfeldzug durch Europa. Ihre Larven fressen Minen in die Blätter, die zu braunen Flecken vertrocknen. Erst in den letzten Jahren haben Kohl- und Blaumeisen *(Parus major, Cyanistes caeruleus)* die Larven als neue Nahrungsquelle für sich entdeckt.

### BUCHSBAUMZÜNSLER

Im Fall von Buchsbaumzünsler *(Cydalima perspectalis)* und Buchsbaum *(Buxus sempervirens)* haben sich bei uns zwei Partner getroffen, die früher nichts miteinander zu tun hatten. Der Kleinschmetterling ist ein Neubürger aus Ostasien, der nach der Jahrtausendwende versehentlich mit Handelsware zu uns gelangte. Hier hat er mit dem ursprünglich aus Südeuropa stammenden Buchsbaum eine neue, ergiebige Nahrungsquelle gefunden. Anfangs hatte er bei uns kaum natürliche Feinde, doch inzwischen verzehren Kohlmeisen und einige andere Vogelarten die Raupen.

Rosskastanienminiermotte

# GLOSSAR

In diesem Glossar finden Sie ausschließlich solche Begriffe erklärt, die im Buch nicht an anderer Stelle erläutert werden. Die Seitenverweise sind im Sachregister aufgeführt.

**Chromosomen:** Komplexe Strukturen im Zellkern. Sie bestehen aus DNA (Desoxyribonukleinsäure) und Proteinen und enthalten in den Genen die genetischen Informationen des Lebewesens.

**Chromosomensatz:** Gesamtheit der verschiedenen Chromosomen in einer Zelle.

**diploid:** Zustand mit einem doppelten Chromosomensatz in einer Zelle. Jedes Chromosom kommt zweimal vor.

**differenzierte Zelle:** Spezialisierte Zelle. Sie ist in Form und Funktion so entwickelt, dass sie spezielle Aufgaben übernehmen kann.

**Drüse:** Einzelne Zelle oder Gewebe, die Stoffe durch die Zellwände nach außen abgeben.

**Enzym:** Eiweißstoff, der bestimmte chemische Reaktionen ermöglicht und beschleunigt und dabei nicht verbraucht wird.

**fertil:** fruchtbar.

**Fruchtkörper:** Sichtbarer Teil eines mehrzelligen Pilzes. Er dient der Fortpflanzung und bildet Sporen.

**Fungizid:** Wirkstoff, der Pilze oder Pilzsporen abtötet oder deren Wachstum hemmt.

**Galle (Pflanzengalle):** Abnorme Wachstumsreaktion einer Pflanze unter dem Einfluss eines fremden Organismus. Sie umfasst eine Vergrößerung und/oder eine Vermehrung von Pflanzenzellen und bietet dem fremden Organismus sowohl Schutz als auch Nahrung oder Nährstoffe.

**Gen:** Abschnitt auf der DNA. Er ist eine Funktionseinheit der im Erbgut enthaltenen Erbinformation und enthält eine bestimmte Bauanleitung.

**Gewebe:** Aus differenzierten Zellen aufgebaute Einheit, die eine oder mehrere spezifische Funktionen erfüllt.

**haploid:** Zustand mit einem einfachen Chromosomensatz in einer Zelle. Jedes Chromosom kommt nur einmal vor.

**Hormon (Pflanzenhormon):** Pflanzeneigener Botenstoff, der bereits in geringen Mengen das Wachstum und die Entwicklung steuert. Beispiele: Auxin, Gibberelline, Ethylen.

**Hydrokultur:** Pflanzenkultur, bei der die Pflanzen nicht in Erde, sondern in wassergefüllten Behältern wurzeln.

**Insektizid:** Wirkstoff, der Insekten abtötet, vertreibt oder hemmt.

**invasive Art:** Durch den Einfluss des Menschen in ein bestimmtes Gebiet gekommene, dort gebietsfremde Art, die unerwünschte Auswirkungen auf andere Arten oder Lebensgemeinschaften hat.

**Koevolution:** Während der Stammesgeschichte stattfindende wechselseitige Anpassung von Arten, die miteinander in Beziehung stehen.

**Meiose:** Reduktionsteilung. Bei einer diploiden Zelle werden die beiden Chromosomensätze so aufgeteilt, dass zwei haploide Tochterzellen oder zwei haploide Kerne entstehen. Die Meiose ist eine Grundlage für die sexuelle Fortpflanzung.

**Mikroklima:** Klima eines Areals in bodennahen Luftschichten. Es hängst stark vom Untergrund, dem Bewuchs und der Bebauung ab.

**Mutation:** Dauerhafte Veränderung in einzelnen Genen oder ganzen Chromosomen, die auf die Nachkommen übertragen werden kann. Eine Mutation kann spontan auftreten oder zum Beispiel durch Chemikalien oder Strahlung ausgelöst werden.

**Neophyt:** Pflanze, die nach der Entdeckung Amerikas (1492) durch den Einfluss des Menschen in ein bestimmtes Gebiet gekommen ist.

**Neubürger:** Gemeinsame Bezeichnung für gebietsfremde Pflanzen (Neophyten), Tiere (Neozoen) und Pilze (Neomyceten).
**Pestizid:** Pflanzenschutzmittel. Wirkstoff zur Bekämpfung von Schadorganismen. Oberbegriff, der Insektizide (gegen Insekten), Fungizide (gegen Pilze) und andere umfasst.
**Resistenz:** Unempfindlichkeit oder Widerstandsfähigkeit gegen bestimmte äußere Einwirkungen, zum Beispiel gegen Bakterien oder Pilze.
**Rudiment:** Zurückgebildete, aber oft noch äußerlich erkennbare Struktur, die ihre ursprüngliche Funktion verloren hat.
**Saprophyt:** Organismus, der sich von toter, organischer Substanz ernährt.
**steril:** unfruchtbar.
**Substrat:** Schicht, auf der ein Organismus wächst. Bei Pflanzen zum Beispiel Boden, bei Pilzen zum Beispiel Holz.
**Symmetrieachse:** Gedachte Linie durch die Mitte einer Figur, an der sie gespiegelt werden kann, sodass die beiden Hälften deckungsgleich sind.
**synchron:** Gleichzeitiger Ablauf von zwei oder mehreren Vorgängen.
**systemisches Pestizid:** Pflanzenschutzmittel, das die Pflanze aufnimmt und in alle Pflanzenteile verteilt, ohne dass es seine Wirksamkeit verliert.
**triploid:** Zustand mit einem dreifachen Chromosomensatz. Jedes Chromosom kommt dreimal vor.
**Turgor:** Durch den Zellinhalt auf die Zellwand aufgebauter Innendruck einer Pflanzenzelle. Voll turgeszente Zellen sind prall gefüllt, bei mangelnder Turgeszenz erschlaffen sie.
**Vegetationsperiode:** Zeitraum des Jahres, in dem die Bedingungen so sind, dass Pflanzen wachsen, blühen und fruchten. In Mitteleuropa in der Regel der Zeitraum von März bis Oktober.
**Verschlämmung:** Verdichtung eines Bodens durch Gießen oder starken Regen. Die Bodenporen verschließen sich, sodass der Luftaustausch behindert ist. Nach dem Trocknen bilden sich Krusten.
**Wedel:** Große Blätter mit gefiederter Blattspreite. Beispiele: viele Farne, viele Palmen.
**Zellen:** Kleinste lebende Einheiten der Organismen. Sie besitzen einen einheitlichen Grundbauplan, können aber verschieden ausgebildet und spezialisiert sein.
**Zellkern:** Abgegrenzter Bereich in einer Zelle, der die Chromosomen enthält.
**Zellmembran:** Flexible Struktur, die eine Pflanzenzelle umgibt und das Zellinnere vom Zelläußeren trennt. Sie ist halbdurchlässig und reguliert den Ein- und Ausstrom von Stoffen in die Zelle.
**Zellwand:** Von der Zelle nach außen abgeschiedene dicke Hülle, die die Zelle schützt und stabilisiert. Sie besteht bei Pflanzen vor allem aus Zellulose. In verholzten Zellwänden ist zusätzlich der Holzstoff Lignin eingelagert.

# LITERATURTIPPS

## Bücher

**Kadereit, J.W. et al. (2021):** Strasburger – Lehrbuch der Pflanzenwissenschaften. 38. Auflage. Springer Spektrum.

**Lüttge, U., Kluge, M. (2012):** Botanik – Die einführende Biologie der Pflanzen. Wiley-Blackwell.

**Munk, K. et al. (2008):** Taschenlehrbuch Biologie: Botanik. Thieme.

**Nultsch, W. (2012):** Allgemeine Botanik. 12. Auflage. Thieme.

**Rhyner, Ch. (2025):** Frei gärtnern: Einfach wachsen lassen und der Natur Raum geben. Haupt.

**Schopfer, P., Brennicke, A. (2016):** Pflanzenphysiologie. Springer Spektrum.

**Simon, H. et al. (2016):** Das große GU Gartenbuch: Das Standardwerk für jeden Gartenliebhaber. Gräfe und Unzer.

**Spohn, M., Spohn, R. (2016):** Bäume und ihre Bewohner. Haupt.

**Spohn, M., Spohn, R. (2020):** Blumen und ihre Bewohner. 2. Auflage. Haupt.

**Wulff, E., Bouillon, J. (2024):** Erstellung einer neuen Winterhärtezonenkarte für Europa unter Berücksichtigung mesoklimatischer Effekte. Mitteilungen der Deutschen Dendrologischen Gesellschaft (MDDG) 109, S. 81–98.

## Mischkulturentabellen im Internet

https://www.krautundrueben.de/sites/krautundrueben.de/files/2022-04/Mischkulturtabelle%5B1%5D.pdf

https://www.biogartenbedarf.de/mischkultur-im-biogarten/

# BILDMOTIVE

Umschlag vorn: Jungfer im Grünen *(Nigella damascena)*

Umschlag hinten (v.l.n.r.): Wilde Malve *(Malva sylvestris)*, Fruchtknoten, Maiglöckchen *(Convallaria majalis)*

S. 6/7 Kräutergarten Inzighofen

S. 14/15 Steingarten mit Blaukissen (*Aubrieta* Hybride), Berg-Steinkraut *(Alyssum montanum)* und Immergrüner Schleifenblume *(Iberis sempervirens)*

S. 17 Großblütige Königskerze *(Verbascum densiflorum)*

S. 25 Sorten von Karotten (*Daucus carota* subsp. *sativus*)

S. 41 Tatarischer Hartriegel *(Cornus alba)*

S. 63 Mittlerer Wegerich *(Plantago media)*

S. 85 Schaumblüte (*Tiarella* Sorte), Gartentulpe (*Tulipa* Sorte), Garten-Gänsekresse (*Arabis caucasica* Sorte), Gänseblümchen (*Bellis perennis* Sorte)

S. 115 Tulpen-Magnolie 'Lennei Alba' (*Magnolia* x *soulangeana* 'Lennei Alba')

S. 138/139 Sonnenblume *(Helianthus annuus)*

S. 141 austreibende Kartoffelknolle *(Solanum tuberosum)*

S. 159 Bodenaufschluss mit Saat-Esparsette *(Onobrychis viciifolia)* und Gräsern

S. 171 Pflanzen mit Winterschutz

S. 179 Zwiebel-Zahnwurz *(Cardamine bulbifera)*

S. 193 Afterraupen der Weidenblattwespe *(Nematus pavidus)* an Weide (*Salix* sp.)

S. 208/209 Gewöhnlicher Sonnenhut *(Rudbeckia fulgida)*

# SACHREGISTER

# REGISTER DER DEUTSCHEN NAMEN

# REGISTER DER WISSENSCHAFTLICHEN NAMEN

**Margot Spohn** hat Biologie mit Schwerpunkt Botanik und Pharmazeutische Biologie studiert. **Roland Spohn** arbeitet als selbstständiger Biologe im Bereich Naturfotografie, Sachillustration und Malerei. Zusammen verbringen sie viel Zeit mit Beobachtungen in der Natur und geben ihr Wissen auf Exkursionen und in gemeinsamen Büchern weiter.

1. Auflage: 2026

ISBN 978-3-258-08403-9

Umschlag, Gestaltung und Satz: Heike Kluge, Herdecke
Lektorat: Grit Zacharias, Leipzig



Wir drucken mit mineralölfreien Farben und verwenden FSC®-zertifiziertes Papier.
FSC® sichert die Nutzung der Wälder gemäß sozialen, ökonomischen und ökologischen Kriterien.
Gedruckt in Estland

FSC www.fsc.org MIX Papier | Fördert gute Waldnutzung FSC® C129413

Diese Publikation ist in der Deutschen Nationalbibliografie verzeichnet. Mehr Informationen dazu finden Sie unter http://dnb.dnb.de.

Der Haupt Verlag wird vom Bundesamt für Kultur für die Jahre 2021–2026 unterstützt.

© Shutterstock, Huza Studio

Sie möchten nichts mehr verpassen?

Folgen Sie uns auf unseren Social-Media-Kanälen und bleiben Sie via Newsletter auf dem neuesten Stand.

www.haupt.ch/informiert

Wir verlegen mit Freude und großem Engagement unsere Bücher. Daher freuen wir uns immer über Anregungen zum Programm und schätzen Hinweise auf Fehler im Buch, sollten uns welche unterlaufen sein.

Haupt Verlag AG
Falkenplatz 14
CH-3012 Bern
herstellung@haupt.ch
www.haupt.ch

Verantwortlich in der EU (GPSR)
Brockhaus Kommissionsgeschäft GmbH
Kreidlerstr. 9
DE-70806 Kornwestheim
haupt@brocom.de